江西理工大学优秀博士论文文库
出版基金资助

激光快速烧结制备镁合金骨植入物

杨友文 帅词俊 彭淑平 著

中南大学出版社
www.csupress.com.cn

·长沙·

前言

Foreword

　　随着人口老龄化的加速、生活节奏的加快和意外创伤的增加，人们对骨植入物的需求日益增长。镁合金具有天然的可降解性、良好的力学相容性和生物相容性，被誉为新一代革命性的金属生物材料。但常规工艺成型镁合金骨植入物存在晶粒粗大、第二相偏析等组织缺陷，导致降解速度过快、降解行为不可控。选区激光熔化(SLM)技术具有快速凝固的特性，能够有效地抑制晶粒的生长、扩展合金元素的固溶、减少第二相的偏析，在提高镁合金骨植入物耐腐蚀性能方面展现出巨大的潜能。为此，本文提出利用 SLM 技术制备镁合金骨植入物，从开发专用成型装备着手展开研究，进而探索快速成型工艺，并通过合金化手段和介孔氧化硅颗粒增强来进一步提高其耐腐蚀性能和生物活性。本文主要创新点如下：

　　(1)开发了面向镁合金骨植入物的 SLM 快速成型系统。利用 PC 端软件和控制卡组合方式控制扫描振镜的运动，获得了精准稳定的激光扫描，扫描速率 $0 \sim 3$ m/s 连续可调；利用扩束镜和 F－theta 透镜优化激光传输路径，得到了细小均匀的聚焦光斑，光斑直径约 100 μm；利用惰性气体保护装置降低加工环境中的氧含量，构建了高纯氩气保护氛围，氧含量低于 1 μL/L。

　　(2)揭示了 SLM 过程中工艺参数对成型质量的影响机理。发现能量密度较低时，较快的冷却速率有利于获得细小晶粒，但会导致熔池液相黏度较高、流动不充分从而形成孔隙；能量密度过高时，减慢的冷却速率导致晶体结构粗化，且凝固层内会累积较大的残余热应力而形成裂纹。通过对工艺参数进行优选，能够获得具有细小均匀等轴晶的镁合金，其致密度达 97.4%。

　　(3)揭示了微观结构(晶粒尺寸、元素分布、物相组成)与耐腐蚀性能之间的关联机制。发现 SLM 通过快速凝固抑制了晶粒的长大得到细小晶粒，从而提高了基体表面氧化膜的致密度和稳定性；通过溶质俘获效应提高了合金元素的固溶、减少第二相的析出，从而减轻了镁基体中电偶腐蚀的发生。SLM 制备镁合金的腐蚀速率比常规工艺制备镁合金速率降低了 58.3%。

（4）提出并利用 Nd 合金化进一步增强了镁合金骨植入物的耐腐蚀性能。发现在最优添加量 3.6%（质量分数）时，Nd 诱导的惰性第二相在晶界均匀连续析出形成蜂窝状结构包裹镁晶粒，该结构能够作为"保护盾"隔绝镁合金与腐蚀液的接触，从而使镁基体的腐蚀速率减少 68.8%；并且 Nd 合金化通过细晶强化、固溶强化和第二相强化提高了镁合金的力学性能。

（5）提出并利用介孔氧化硅提高了镁合金骨植入物的生物活性。发现 SLM 过程中熔池内形成的液相对流和快速凝固能够促进介孔氧化硅的均匀分散，并获得紧密的界面结合；介孔氧化硅表面丰富的官能团和巨大的比表面积促进了钙磷沉积，提高了镁基体的生物矿化能力，并促进了细胞的黏附和增殖；此外在添加量小于 8%（质量）时，介孔氧化硅还能增强镁基体的腐蚀抗力。

目录

Contents

第 1 章
绪论

1.1　人工骨植入物概述

1.1.1　人工骨植入物的需求

近年来，随着人口老龄化的加速、空气环境的恶化以及生活节奏的加快，每年有成千上万的人因自然疾病或意外事故而遭受骨缺损，使得骨缺损的治疗与修复已成为临床第一大手术。据 Allied Market Research 市场调研公司统计，全球每年大约进行 280 万例骨缺损修复手术，仅 2016 年全球骨植入物市场就达到 472 亿美元，预计到 2023 年将达到 747 亿美元，年增长率约 6.8%。作为世界上人口最多的国家，我国现有肢体功能受限者超过 1500 万人，其中每年意外车祸事故超过 350 万例，而 70% 以上受伤人员需要实施骨修复，再加上因骨肿瘤切除、畸形矫正等原因需要实施骨修复的病人，每年仅颅骨、颌骨、肢骨等骨缺损患者就超过 300 万例，且每年以 10% 的速率飞速增长，如图 1 - 1 所示。然而由于缺乏适合的骨植入物，真正实施骨修复手术的患者甚至不到 1/6，许多病患被迫进行截肢，这不仅降低了病患的家庭生活质量，也给社会带来了巨大的经济压力。

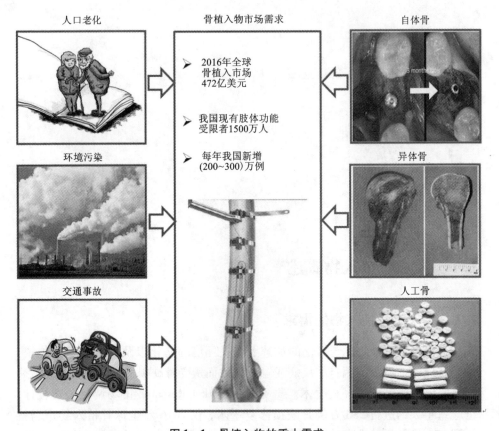

图 1 - 1　骨植入物的重大需求

　　针对骨缺损的修复，国内外研究人员已经展开了大量的研究，力争实现骨缺损部位的功能重建与组织再生。目前，临床上主要利用自体骨、异体骨和人工骨植入物治疗修复骨缺损。由于自体骨来源于病患自身，因此不会对主体组织产生免疫排斥反应，被认为是修复骨缺损的标准，然而其来源数量与尺寸都受到相当大的限制，且自体骨会额外增加病患的创伤，同时取骨部位容易出现并发症。异体骨来源相对广泛，容易加工且尺寸和数量不受限制，但其植入体内后会对主体组织产生一些免疫排斥反应，且易出现交叉感染和疾病传播等问题。人工骨植入物由生物材料制成，不仅取材广泛、对机体无毒副作用，而且具有无免疫排斥反应和疾病传播等优点。因此，研发人工骨植入物用于骨缺损修复已经成为当前生物制造领域的重要课题，如图表 1 - 1 所示。

表1-1 自体骨、异体骨和人工骨植入物的特点

类型	优点	缺点
自体骨植入物	良好的成骨能力 无免疫排斥反应 取骨方便	数量和尺寸有限 取自体骨会增加额外创伤
异体骨植入物	数量和尺寸不受限 避免取骨部位并发症	存在免疫排斥反应 易传播疾病和交叉感染 成活率低
人工骨植入物	材料来源广泛 生物相容性好，对组织无毒副作用，无免疫排斥反应和疾病传播危险	

　　一方面，人工骨植入物主要用来替代、固定和支撑损伤骨骼以及关节从而使其恢复正常的生理功能，其性能对骨缺损的治疗效果至关重要。从生物学性能方面考虑，人工骨植入物应具有良好的生物相容性，包括组织相容性和血液相容性。其中组织相容性涵盖了细胞吸附性、无抑制细胞生长性、细胞激活性、抗细胞原生质转化性、无抗原性、无致畸性等，而血液相容性包括抗血小板血栓形成、抗凝血性、抗溶血性、抗补体系亢进性、抗白细胞减少性、抗血浆蛋白吸附性等。从力学性能的角度考虑，人工骨植入物不仅应具备足够的力学强度，确保在服役期间提供持续稳定的结构支撑，同时还需具有跟人体骨接近的密度、弹性模量，从而减小应力遮挡效应。

　　另一方面，人工骨植入物的外部轮廓、表面特征和内部结构也会影响骨缺损修复的质量。具体来说，骨植入物的外部轮廓应尽量与缺损部位的解剖结构相匹配，从而避免植入手术过程中过多的骨切除，减小患者痛苦、降低手术难度。同时，人工骨植入物应具有一定的表面微纳结构，从而为细胞的黏附、增殖、细胞质分泌提供良好的相互作用界面，促进新骨组织的生长。需要指出的是，上述各种生物力学性能都受到多因素的影响，如材料组分、成型工艺、结构尺寸等，而且各性能之间相互影响、相互竞争。因此，人工骨植入物应用于骨组织修复通常要求具有最优的综合性能。

1.1.2 人工骨植入物的分类

按照不同的分类标准人工骨植入物可分为不同的类型。从材料组分角度考虑，可分为高分子骨植入物、陶瓷骨植入物和金属骨植入物；从体内环境中发生的生化反应水平考虑，可分为生物惰性骨植入物、生物活性骨植入物和生物可降解骨植入物；从应用场合考虑，又可分为固定类骨植入物、支架类骨植入物和关节置换类骨植入物、齿科类骨植入物等。下面从材料组分角度出发，对不同类型骨植入物的特点进行介绍，如表 1-2 所示。

（1）高分子骨植入物

天然生物高分子主要包括胶原（Collagen）、壳聚糖（Chitosan）、脱钙骨基质（Decalcified Bone Matrix）、纤维蛋白（Fibrin）和甲壳素（Chitin）等。由于天然生物高分子与人体细胞外基质的组分非常接近，且多数含有某些氨基酸序列的细胞识别信号，因此利用其制成的骨植入物不仅具有良好的细胞相容性和无抗原性，而且能够促进骨细胞的黏附、增殖和分化，从而加速骨组织的愈合。其中胶原是骨组织的主要成分之一，其来源广泛，且免疫性低，而壳聚糖的分子结构与软骨基质成分糖胺聚糖结构相似，可有效促进成骨细胞的增殖与分化。然而，天然高分子骨植入物的力学强度相对不足，一般用于软骨组织工程修复领域，而难以达到硬骨组织修复尤其是承重骨的要求，此外还存在降解速率不可控这一问题。

人工合成生物高分子包括聚乳酸（Polylactic Acid，PLA）、聚羟基乙酸（Polyglycolide Acid，PGA）、聚己内脂（Poly-caprolactone，PCL）聚乙稀醇（Poly vinyl Alcohol，PVA）、聚醚醚酮（Polyetheretherketone，PEEK）和聚羟基丁酸酯（Polyhydroxybutyrate，PHB）等。这些生物高分子材料制成的骨植入物具有良好的生物相容性，对人体没有毒副作用，并且可通过调控合成材料的组成和分子质量实现对降解速率的控制。同时，人工合成高分子骨植入物具有一定的力学强度，其中 PEEK 骨植入物具备与金属材料相媲美的耐疲劳性。然而人工合成生物高分子的亲水性相对较差、识别细胞信号能力较弱，导致利用其制成的骨植入物在促进细胞黏附、增殖和分化方面的能力不足，而且降解产物会导致局部呈酸性，易引起无菌性炎症反应。

表1-2 人工骨植入物的分类

类型	材料	相关研究
天然生物高分子	胶原	Dhand et al.
	壳聚糖	Vyas et al.
	纤维蛋白	Noori et al.
	甲壳素	Madhumathi et al.
人工合成生物高分子	聚羟基乙酸	Zhao et al.
	聚醚醚酮	Ma et al.
	聚羟基丁酸酯	Köse et al.
	聚乳酸	Wang et al.
生物惰性陶瓷	氧化锆	Zhu et al.
	碳化硅	Wu et al.
	氧化铝	Soh et al.
生物活性陶瓷	β-磷酸三钙	Austin et al.
	硅酸钙	Zhu et al.
	透辉石	Ghomi et al.
	羟基磷灰石	Mondal et al.
不可降解生物金属	钛合金	Li et al.
	钴合金	Abraham et al.
	镍钛形状记忆合金	Li et al.
	钽	Fu et al.
可降解生物金属	镁合金	Jiang et al.
	锌合金	Li et al.
	铁合金	Čapek et al.

（2）陶瓷骨植入物

陶瓷骨植入物可分为生物惰性陶瓷骨植入物和生物活性陶瓷骨植入物。生物惰性陶瓷主要包括氧化铝（Al_2O_3）、氧化锆（ZrO_2）、碳化硅（SiC）以及碳素等。这类生物惰性陶瓷制成的骨植入物不仅具有良好的生物相容性和化学稳定性，同时具有高强度、高耐磨性和高耐腐蚀性的特点，因此在临床上主要用于修复牙齿、关节等硬骨组织。其中氧化铝陶瓷具有较高的抗压强度，研究表明当其纯度超过99.7%时，其抗弯强度可达500 MPa，并可长时间保持稳定。氧化锆的断裂韧性要高于氧化铝，耐磨性更好，更适用于关节易磨损部位。碳素材料具有良好的生物相容性，特别是抗凝血性能显著，韧性好，在临床上也得到一定的应用。但利用生物惰性陶瓷制成的骨植入物难以与周围骨组织发生化学键合，导致植入一定周期后会出现界面松动，而且弹性模量和人体骨相差较大，会引起骨接合界面的应力集中，导致周围骨组织的萎缩。

生物活性陶瓷主要包括羟基磷灰石（Hydroxyapatite，HA）、磷酸三钙（Tricalcium Phosphate，TCP）、硅酸钙（Calcium Silicate）、透辉石（Diopside）、镁黄长石（Akermanite）、镁橄榄石（Forsterite）和生物活性玻璃（Bioactive Glass）等。由于这类陶瓷主要含有人体新陈代谢所需要的钙、磷元素以及能与人体组织发生键合的活性基团，因此所制成的骨植入物具有良好的生物相容性和生物活性。其中 HA 是人体骨骼的主要成分，植入体内后表面能够与组织形成化学键，促进新骨的沉积；TCP 具有良好的生物可降解性，能够促进干细胞的增殖与分化。尽管生物活性陶瓷具有优异的生物学性能，但作为陶瓷材料其强度低、韧性差，在生理环境中易疲劳和破坏，导致其在临床骨缺损修复中的应用受到一定的限制。

（3）金属骨植入物

不可降解生物金属主要包括不锈钢、钛合金、钴合金、镍钛形状记忆合金，以及贵重金属钽、金、铌等。其中不锈钢因其极高的力学强度和耐腐蚀性能，在临床上主要用作固定类骨植入物，如接骨板、接骨钉、接骨针等。相比不锈钢，钴合金和钛合金更适用于载荷条件更苛刻的植入件，如膝关节和髋关节假体等。镍钛形状记忆合金不仅具有良好的生物相容性，还具有形状记忆效应，可用于牙齿矫形和脊柱侧弯矫形。尽管上述金属骨植入物具有优异的力学性能，但它的弹性模量远高于人体骨，植入体内后会引起应力遮挡现象。同时，这类金属骨植入物需要在植入一定周期后进行二次手术取出，对病患造成额外的经济和身体负担。此外，不锈钢、钛合金、钴合金等金属骨植入物在体内环境中会释放一些毒性金属离子，从而引起炎症反应。

可降解生物金属是指可完全被机体降解，且其降解产物不会对人体带来毒害作用的生物金属，主要有镁合金、锌合金以及铁合金。可降解金属克服了生物高分子强度低、生物陶瓷脆性大以及不可降解金属植入体内后需要二次手术取出等问题。因此，进入 21 世纪以来可降解生物金属在骨修复方面的应用掀起了全球的研究热潮，并取得了一定的进展。2008 年，美国针对可降解生物金属材料成立专门的工程研究中心。2013 年，德国 Syntellix AG 公司研制的可降解镁合金螺钉成为全球首个获得 CE 认证的骨植入器械。2014 年，韩国开发的 Mg - Zn - Ca 骨钉通过国内药监局认证。为了抢占科技创新战略制高点，我国近些年也先后在国家重点研发计划、国家自然科学基金等项目设立了可降解生物金属植入器械产品研发的相关课题，力争与国际科技创新水平接轨。

1.2 镁合金骨植入物

1.2.1 镁合金骨植入物的优势

近年来，镁合金的生物医用研究受到了国内外相关学者特别的关注和重视。与其他常见骨植入物材料相比，镁合金具有以下多个优势：（1）天然的可降解性。镁合金具有较低的自腐蚀电位，在体内环境下能够以自腐蚀的方式完全降解，且降解生成的产物对人体没有毒副作用和刺激作用，并可通过人体新陈代谢功能能排出体外。（2）良好的生物相容性。镁是人体含量第四丰富的阳离子，参与了多种蛋白酶、核酸的合成，能够促进成骨细胞的增殖与分化，是人体不可缺少的重要营养元素之一。实际上，成人男子的每天推荐摄入量需要达到 350 mg。（3）理想的力学相容性。在所有金属材料中，镁合金的生物力学性能与人体骨最为接近，其弹性模量约为 45 GPa，与人体骨的弹性模量（15 ~ 30 GPa）相匹配，能有效缓解应力遮挡效应；其密度约为 1.79 g/cm^3，与人体骨密度 1.75 g/cm^3 非常接近，符合理想骨植入物的物性要求。生物镁合金与几种典型骨植入材料的力学、物理性能之间的对比见表 1 − 3。

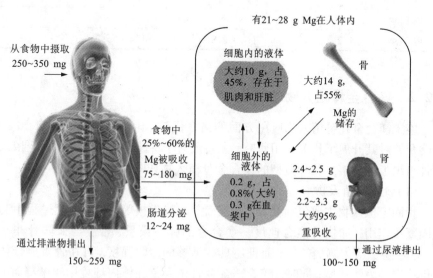

图 1 − 2 人体对镁的吸收与排出动态平衡示意图

　　如果利用镁合金在人体环境中容易发生腐蚀(降解)的特性,将其发展成为生物可降解的镁合金骨植入物,不仅能够在植入初期为骨缺损部位提供稳定的力学结构支撑作用,更重要的是,随着缺损骨组织的修复植入物可以在体内逐渐降解直至被完全吸收,可避免临床二次手术;同时镁合金作为骨植入材料,植入物中释放的镁离子不但对人体没有生物毒副作用,而且还能促进骨细胞的生长从而加速骨修复的进程;此外,镁合金具有金属材料的特性,其塑性、刚度、强度、表面光洁度等都要远优于生物陶瓷和生物高分子材料,也更易进行加工和灭菌处理,而且镁资源丰富,约占地壳中元素总量的2.3%,成本低廉。鉴于镁合金具有的上述优势,可降解生物镁合金被誉为新一代革命性的金属生物材料。

表1-3　镁合金与几种典型骨植入材料的力学、物理性能之间的对比

植入物材料	密度 /(g·cm^{-3})	弹性模量 /GPa	压缩屈服强度 /MPa	断裂韧性 /(MPa·m$^{1/2}$)
人体骨	1.8~2.1	3~20	130~180	3~6
镁合金	1.79~2.0	35~45	100~200	15~35
钛合金	4.2~4.5	110~120	750~1110	55~115
钴合金	8.3~9.2	230	450~1000	
HA	3.1	80~110	0.03~0.3	0.6~1.0
TCP		24~39	2~3.5	0.3~1.0
PEEK	1.29	3~4	95	
PLGA	1.2~1.3	1.4~2.8	41.4~55.2	

1.2.2　镁合金骨植入物的应用

　　鉴于镁合金在骨植入物应用方面的诸多优势,国内外研究人员自20世纪初就开始对其开展了相关应用研究,主要致力于将镁合金发展成骨固定植入物和骨组织工程支架。几种典型的镁合金骨植入物如图1-3所示。

　　(1)骨固定植入物

　　骨固定植入物主要包括接骨钉、接骨针、接骨板等,在骨修复过程中起到巩固复位作用,加快骨愈合速度。镁合金的弹性模量、密度与人体骨非常接近,能够避免应力遮挡效应,而且还具有足够的力学强度,可在骨折愈合初期提供稳定的力学环境;同时,随着镁合金骨植入物在体内环境中逐渐降解,其承重作用也不断减小,使得骨折部位承担逐渐增大而不是直接跃升至生理水平

的应力刺激,有利于促进骨折部位的骨组织愈合与塑形;此外,镁合金骨固定植入物可以在体内逐渐降解直至完全被人体吸收,完美实现骨固定植入物只需承担临时性固定功能的临床目的。

1900 年,奥地利学者 Payr 等首次报道利用镁合金用于骨缝合手术,将镁合金制成接骨针、接骨板等用于创伤骨的固定。1906 年,德国 Lambottle 医生利用镁板和钢钉对一位 17 岁患者进行小腿骨折固定,但术后 1 天患者植入部位皮下出现明显气胀,原因是镁板与钢钉形成电偶腐蚀从而加速了镁板的降解,导致短时间内形成大量氢气。1938 年,Mcbride 等用 Mg - Al - Mn 合金制成的螺钉、螺栓、螺板等实施了 20 例骨折治疗,植入后骨折处组织没有观测到不良反应,骨膜上有新骨沉积,且植入物在 120 天后被完全吸收。1944 年,Troitskii 等利用镁合金板、螺栓治疗 20 例骨折,其中 11 例治疗成功。所有病例中,没有发现血镁浓度增高,也没有明显的的炎症发生,而且骨折处有硬茧形成。最近,Chaya 等分别利用镁接骨板、螺钉和钛合金接骨板、螺钉对兔子尺骨裂纹进行修复[图 1 -3(c)],结果表明镁接骨板的降解不仅不会抑制骨缺损的愈合,反而能够加速新骨的形成。

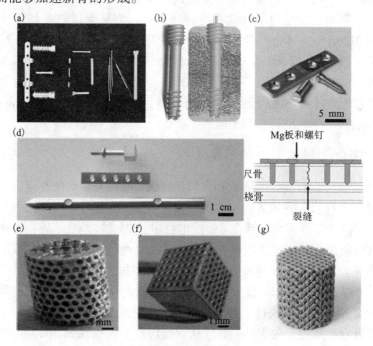

图 1 - 3 镁合金的骨植入物应用

(a)(b)(c)(d)为接骨钉和接骨板;(e)(f)(g)为多孔骨支架

（2）骨组织工程支架

骨组织工程是指将分离的自体高浓度成骨细胞、骨髓基质干细胞或软骨细胞，经体外培养扩增后种植于具有良好生物相容性、可被人体逐步降解吸收的骨支架上，这种骨支架可为细胞提供生存的三维空间，有利于细胞获得足够的营养物质，进行物质交换，排出新陈代谢产物，使细胞在预制形态的三维多孔支架上繁殖生长，然后将这种细胞/支架材料植入骨缺损部位，在骨支架材料逐步降解的同时，种植的骨细胞不断增殖，从而达到修复骨组织缺损的目的。生物镁合金具有可降解性、足够的力学强度以及良好的生物相容性，被认为是理想的骨组织工程支架材料。

Wen 等利用发泡法制备多孔镁支架用于骨组织工程，发现通过改变多孔镁的孔隙率可以使其力学强度达到人体骨的范围，当孔隙率为 35%、平均孔径为 250 μm 时，多孔镁支架的杨氏模量可达到 1.8 GPa，力学强度 18 MPa。Jaroslav čapek 等利用粉末冶金法制备了孔隙率为 12% ~38% 的多孔镁支架，力学测试表明这些支架的弯曲强度与人体骨接近，然而体外降解测试发现多孔镁支架的降解速率过快。Li 等利用增材制造方法制备了多孔镁合金（WE43）支架，并研究了其体外降解行为、力学性能和生物相容性。力学测试表明其弹性模量为 700 ~800 MPa，与人体密质骨接近，生物相容性测试表明在体外浸泡 72 h 后细胞毒性为 0 级（国际标准 ISO 10993 – 5）。Yazdimamaghani 等利用碳酸盐作为制孔剂，利用粉末冶金法得到了孔隙率为 35%，孔隙尺寸 150 ~300 μm 的多孔镁支架，并且还在支架表面涂覆一层生物玻璃，研究发现这些支架的表面活性、耐腐蚀性能和力学性能都得到了改善。

1.2.3　镁合金骨植入物的不足

尽管镁合金具有良好的生物和力学相容性，但是大量临床研究表明目前常规工艺成型的镁合金骨植入物存在降解速度过快、降解行为不可控等问题。据其原因，镁的化学性质极其活泼，标准电极电位为 – 2.37 V，具有很强的电负性，在富含氯离子的生理体液中极易发生腐蚀。而且镁金属表面生成的氧化镁层中的每个金属离子体积与镁金属中镁原子的体积之比为 0.84，因此不能形成完整致密的表面膜，难以对底层镁金属形成有效的保护作用。过快的降解会导致镁合金骨植入物在体内过早丧失其机械结构完整性，从而影响生物力学支撑功能；而且会在体内释放大量的氢气从而出现皮下肿胀现象，同时造成体内环境中局部的碱性升高，引发溶血甚至溶骨现象。

为了揭示镁合金腐蚀的本质，相关学者对其在体内环境中的腐蚀过程进行了深入研究。总体上讲，镁合金是通过电化学腐蚀的方式进行降解，涉及镁金属的阳极溶解反应和阴极还原反应：

$$阳极反应： \quad Mg \rightarrow Mg^{2+} + 2e \quad\quad (1-1)$$

$$阴极反应： \quad 2H_2O + 2e \rightarrow H_2 \uparrow + 2OH^- \quad\quad (1-2)$$

$$产物形成： \quad 2OH^- + Mg^{2+} \rightarrow Mg(OH)_2 \downarrow \quad\quad (1-3)$$

在与体液接触后，镁金属容易通过阳极反应被氧化成阳离子，产生的电子用于阴极还原反应，消耗水并产生氢气。只要镁基体表面存在因电势差形成的微电池，如镁基体与第二相或者吸附在表面的有机分子，上述氧化还原反应就会在镁基体表面随机发生。而且体液中还溶解了大量的氧、蛋白质和电解质离子（如氯离子和氢氧根离子），在这种环境下，具有高电化学势的镁金属更易于腐蚀，导致离子从金属表面迁移到周围体液中。腐蚀反应发生后镁基体表面通常会沉积 $Mg(OH)_2$ 层。由于 $Mg(OH)_2$ 层不够致密，不能够提供有效的保护作用阻碍腐蚀的继续进行，更不幸的是，$Mg(OH)_2$ 层可以被生理体液中的氯离子溶解，因此，镁合金骨植入物在体内环境中展现了过快的腐蚀速率。

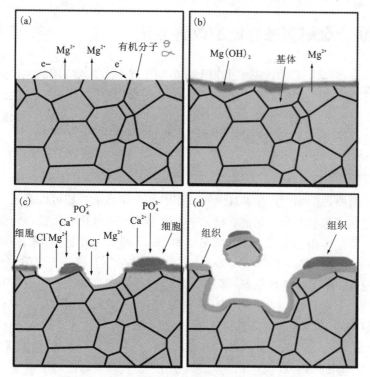

图 1-4 镁合金在体内环境中的腐蚀过程示意图

（a）表面发生电偶腐蚀；（b）腐蚀产物 $Mg(OH)_2$ 沉积；

（c）$Mg(OH)_2$ 层被 Cl 离子溶解；（d）部分镁基体脱落

事实上，镁合金在体内的腐蚀速率受到腐蚀形式的影响，其遭遇的腐蚀形式主要有两种：①点蚀。点蚀是一种严重的局部腐蚀，与体液环境中镁合金表面的钝化膜被击穿有关。点蚀形成的腐蚀坑尺寸很小，但会深入镁基体内部，因此极具破坏性。而且点蚀很难被发现，因为腐蚀产物层会把点蚀形成的腐蚀坑覆盖。一旦点蚀发生，镁基体中的杂质和体液环境中的氯离子都会加快点蚀坑的扩展，使得镁基体在短时间内被瓦解，从而大大降低骨植入物的承载能力。此外，点蚀坑的形成还会引发局部应力，并有可能形成裂缝。②面蚀。面蚀是镁基体表面各位置发生均匀的电化学腐蚀，因此表面不会出现明显的腐蚀形貌差别，能够实现镁基体的均匀减薄。面蚀发生的条件是镁基体的成分和组织比较均匀，同时腐蚀液能够均匀地抵达镁基体表面各部位。一般情况下，面蚀中的腐蚀原电池阴极阳极面积非常小，用微观方法也难以辨出，而且微阳极和微阴极的位置随机变化。相比于点蚀，面蚀的危害要小很多，镁基体在遭遇面蚀后不会出现承载能力的突然缺失。

1.3　镁合金耐腐蚀性能的改善方法

镁合金在体内环境中腐蚀过快已经成为限制其骨植入应用的主要问题。近年来，相关研究人员围绕镁合金骨植入物在生理环境中腐蚀速率过快这一难题进行了大量探索。概括地讲，研究人员主要是从高纯化、合金化、细晶化和表面涂层这几个方面入手，试图改善镁合金骨植入物的耐腐蚀性能。

1.3.1　高纯化

从电偶腐蚀的角度出发，减少镁基体中的杂质和第二相可以有效抑制镁基体内部电偶腐蚀的发生。因此，相关学者提出利用高纯化来提高镁合金的耐腐蚀性能。镁基体中的杂质主要包括 Fe、Ni、Cu，其忍耐限度非常有限[Fe、Ni < 0.005 %（质量），Cu < 0.05 %（质量）]。当这些杂质含量低于忍耐限度时，腐蚀速度较低，然而一旦超出忍耐限度，腐蚀速度会急剧加大。Qiao 等在铸造过程中对镁金属进行提纯，发现当 Fe 含量降低到 26 μL/L 以下时，镁基体的腐蚀速率从原来的 14.9 mm/a 降低到 0.5 mm/a。Prasad 等添加适量的 Zr 到 Mg – X（X = Y, Si, Sn, Ca, Sr, Ce, Gd, Nd, La, Mn, Zn）二元合金熔体中，利用 Zr 与杂质 Fe 反应形成 Fe_2Zr 沉淀相，从而减少 Fe 杂质含量降低腐蚀速率。Schlüter 等利用溅射沉积法成功制备了单相 Mg – Y 和 Mg – Gd 合金，并在 3.5% NaCl 溶液中对其腐蚀性能进行了评估，结果表明单相 Mg – Y 和 Mg – Gd 合金的腐蚀速率与高纯镁的腐蚀速率基本相同。

尽管高纯化手段能够在一定程度上提高镁合金骨植入物的耐腐蚀性能,但也存在明显的局限性。首先,镁基体中某些杂质元素去除极其困难,而且当纯度提高到一定程度后,继续提纯对其腐蚀性能的改善效率将大打折扣。Cao 等对纯度 99.85 %(质量分数)的镁金属继续进行高纯化时发现其腐蚀速率只发生了非常微弱的变化。其次,由于镁金属的密排六方原子排列结构,大部分合金元素在镁基体中的固溶度很低,因此利用高纯化手段得到的单相镁基体的力学强度相对不足,难以达到骨植入物应用的临床需求。如铸造纯镁的拉伸强度小于 50 MPa,挤压成型纯镁为 80 ~ 90 MPa,均低于人体骨的力学强度。

1.3.2 合金化

合金化是通过引入合金元素来改变镁基体的微观组织特征从而提高其耐腐蚀性能。国内外学者利用合金化手段开发了一系列的生物镁合金,并对其耐腐蚀性能和生物学性能进行了研究,见表 1 - 4。

表 1 - 4 合金化改善镁合金耐腐蚀性能相关研究,其中降解速率 A% 表示残留体积分数百分比,+ 表示发现新骨形成

材料	植入部位	植入周期 (W)/周	降解速率 /(mm · a^{-1})	新骨形成
AZ91	骨髓腔、猪	18	0%	+
Mg - Nd - Zn - Zr	股骨干,鼠	4	0.092	+
Mg - Sr	骨髓腔,鼠	4	1.01	+
LAE44	股骨髁,兔	12	0.98	+
Mg - 0.8Ca	骨髓腔,兔	24	79%	+
Mg - 6Zn	股骨干,兔	14	13%	+
Mg - Mn - Zn	股骨干,鼠	18	46%	+
Mg - 2Zn - 0.2Ca	股骨干,兔	50	2.15	+
Mg - 5Zr	胫骨,兔	12		+
Mg - Y - Nd	股骨干,鼠	24	0%	+
WZ21	股骨干,鼠	24	0%	+
ZX50	股骨干,鼠	24	0%	+
AZ91D scaffold	髁,兔	12	0%	+
Mg - 5Bi - 1Ca	股骨髁,兔	4	1.85	+
Mg - Ca	股骨干,兔	12	1.27	+

合金化的一条思路是利用合金元素减小镁基体中第二相的体积、尺寸，或形成对镁基体腐蚀更有利的第二相，从而减弱第二相引发的电偶腐蚀。贾等利用合金元素 Y 对 AZ91 合金进行改性，并对其微观结构和腐蚀行为进行了研究。结果表明，随着 Y 含量的增加，$Mg_{17}Al_{12}$ 相的体积分数逐渐降低，腐蚀速率逐渐减小。崔等报道添加 0.02 %（质量）的 Ti 也显著降低了 $Mg_{17}Al_{12}$ 相的体积分数和尺寸，从而提高其耐腐蚀性能。Costa 等将 AE42 合金与少量 Mn 合金化后促使原有的 $Mg_{17}Al_{12}$ 相转化为电化学势更低的 $Al_{11}Mn_3$ 相，减小了第二相与镁基体之间的电势差，从而减轻了电偶腐蚀效应。类似地，在 Mg - Al 合金中加入 Ho 也能将 $Mg_{17}Al_{12}$ 相转变为更惰性的含 Ho 相。

合金化的另一种思路是利用合金元素提高镁基体表层氧化物或氢氧化物的惰性或结构完整性，形成更具保护能力的表面膜，从而阻碍周围腐蚀液对镁基体的侵蚀。例如，Velikokhatnyi 等将 Mg 与 Ca、Y 和 Al 合金化后，发现合金表面形成了更稳定的化学反应性更低的氢氧化物层，使得这些合金在模拟体液中更具稳定性，具有更好的耐腐蚀性能。Rosalbino 等在镁合金 AM60 中引入合金元素 Er，在硼酸盐冲洗液浸泡后发现镁基体表面富含 $Er(OH)_2$，提高了表面膜的致密度，从而提供了更好的保护作用。Willbold 等在镁基体中添加稀土元素（La、Nd、Ce），发现镁基体表面形成的稀土金属氧化物提高了表面膜的钝化能力。此外，合金元素 Al 也能够促进 Mg - Al 合金表面形成具有更致密结构的氧化铝保护膜。

尽管引入适当的合金元素能够有效提高镁合金的耐腐蚀性能，但仍有一些问题需要特别注意。一方面，作为医用植入物，选用的合金元素必须具有良好的生物相容性。因此目前可选的合金元素主要集中在一些人体营养元素，包括 Zn、Ca、Sn、Si、Sr 等，而其他合金元素还有待进一步的临床研究来验证其生物相容性。如 Mg - Al 合金虽然具有较好的耐腐蚀性能和较高的力学强度，但近年来的研究表明 Al 元素对神经元具有细胞毒性，因此不一定适合用作生物镁合金的合金元素。另一方面，大部分合金元素在镁基体中的溶解度非常小，过多地引入合金元素会导致第二相体积分数急剧增大，反而加速镁基体的腐蚀，因此需要合理控制合金元素的添加量。

1.3.3 细晶化

细化晶粒也是提高镁合金骨植入物耐腐蚀性能的一种有效方法。一方面，晶粒越细，晶界密度越高，氧化膜形核的位置越多，更有利于迅速形成保护膜；另一方面，晶粒细化后得到更均匀的组织，能够减小晶间的电位差，进而减少局部电偶腐蚀的发生。目前，相关研究人员主要采取变形工艺和快速凝固工艺来细化镁合金晶粒,从而改善其耐腐蚀性能,如图1-5所示。

变形工艺是基于外力强制作用实现晶粒细化,同时促进第二相均匀分布。Kim 等利用高速轧制工艺对 Mg-3Al-1Zn 合金进行变形处理,处理后镁基体内部晶粒尺寸从约 20 μm 减小到 0.6~0.76 μm,利用模拟体液浸泡后发现腐蚀产物层的稳定性得到提高,具有更低的腐蚀速率。Zhang 等研究了一次挤压和二次挤压 Mg-Nd-Zn-Zr 合金的耐蚀性能,结果表明经过二次挤压的合金发生了完全动态再结晶,细化的晶粒和细小弥散分布的第二相提高了腐蚀电位,降低了腐蚀电流,腐蚀形貌更加均匀,具有更优的耐腐蚀性能。Orlov 等利用等角度挤压工艺对 ZK60 合金进行变形处理,不仅减小了晶粒尺寸,并促进了第二相的重新溶解,电化学测试和力学测试表明腐蚀抗力和力学强度都得到了极大的提高。

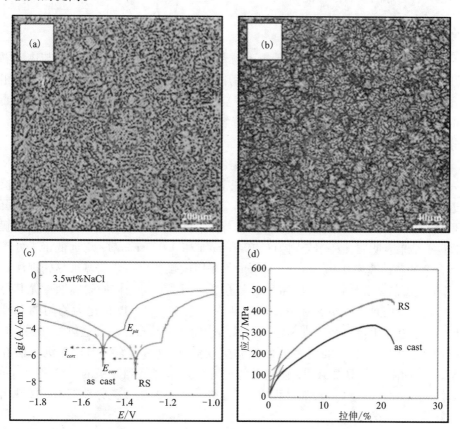

图1-5　铸造镁合金和快速凝固镁合金之间的对比

(a)铸造微观组织;(b)快速凝固微观组织;(c)电化学腐蚀极化曲线;(d)拉伸应力应变曲线

快速凝固是利用极高的冷却速率(通常为 $10^5 \sim 10^6 ℃/s$)进行液相凝固,起始形核过冷度大,能够抑制晶粒的生长,同时还能扩展合金元素的极限固溶度,减少有害杂质和第二相的析出。赵等利用快速凝固制备了 Mg – Sn 合金,并对其微观结构、腐蚀行为和细胞毒性进行了研究,结果表明 Mg – 1Sn 组织均匀细小,腐蚀速率为 0.21 mm/a,具有良好的生物相容性。Aghion 等研究了快速凝固的 AZ80 的腐蚀行为,发现快速凝固 AZ80 的腐蚀速率仅为 0.4 mm/a,显著低于铸造 AZ80 的腐蚀速率 2.0 mm/a。Zhang 等报道快速凝固 ZM61 合金的腐蚀速率仅为挤压 ZK60 镁合金的 1/40,并指出快速凝固合金更致密的晶界抑制了腐蚀的扩展。Hakimi 等利用快速凝固制备了 $Mg_6Nd_2Y_{0.5}Zr$ 合金,发现研究镁基体过饱和的 Nd 导致外部氧化层中富含 Nd_2O_3,使得表面膜结构更致密,具有更好的耐腐蚀性能。

1.3.4 表面涂层

表面涂层技术是在镁合金骨植入物表面涂覆一层保护层将镁基体与体液隔开,从而减慢镁基体的降解速率。从医用角度出发,涂层应具有良好的生物相容性,并具有生物可降解性且降解速率要比镁合金更慢。因此,相关学者主要选用具有良好生物相容性并具有一定降解速率的生物活性陶瓷和生物可降解高分子作为涂覆材料。

生物活性陶瓷涂层不仅能够改善镁合金骨植入物的耐腐蚀性能,还能提高表面生物活性。这是因为生物活性陶瓷富含钙和磷元素,与人体骨成分非常接近,有利于骨组织在界面生长。Magesh 等分别利用电泳沉积技术和激光熔融沉积技术在 WE43 镁合金表面制备了 HA 涂层,并利用 Hank's 溶液评估了其降解性能,结果表明腐蚀速率分别为 0.194 mm/a 和 0.073 mm/a,均远低于未处理镁合金的腐蚀速率 0.97 mm/a。Chang 等采用微弧氧化结合低温水热处理法在 AZ31 表面制备了透钙磷石层和 TCP 涂层,从而提高了基体的耐腐蚀性尤其是耐点蚀性,而且透钙磷石在 NaOH 溶液中浸泡 2 h 后可以转化为均匀的 HA。Razavi 等利用电泳沉积分别制备了纳米结构的镁黄长石涂层和透辉石涂层,同样提高了生物镁合金的耐腐蚀性能和生物活性。Geng 等利用化学沉积法在 AZ31 表面制备了 TCP 涂层,使镁基体的降解速率降低到原来的三分之一,同时发现在人体模拟体液浸泡过程中,镁基体表面不断生成类骨磷灰石,展现出良好的生物活性。

人工合成高分子和天然高分子也被用于制备镁合金骨植入物表面涂层,其中人工合成高分子涂层的降解速率相对更容易调控,而天然高分子涂层更有利于细胞黏附和繁殖。Chen 等在纯镁上成功制备了厚度为 $15 \sim 20 \mu m$ 的 PCL 和

PLA 涂层，体外测试表明涂层有效降低了镁基体的腐蚀速率。Gu 等在 Mg –
1Ca 合金表面涂覆一层壳聚糖，浸泡测试表明腐蚀速率显著减小，且壳聚糖的
相对分子质量越大、涂层厚度越厚，镁基体腐蚀速率越小。Muhammad 等将
AZ31 直接浸泡在 PLA 熔体中从而在其表面制备了 PLA 涂层，体外浸泡测试表
明，浸泡 8 周后镁基体才开始出现快速降解。Park 等为了研究涂层厚度对镁金
属腐蚀的影响，采用逐步递增浸渍涂层法在镁金属表面制备了厚度为
$2.8 \sim 13\ \mu m$ 的 PCL 涂层，随后在 Hank 溶液中观测浸泡 14 d 内氢气的释放速
率，发现随着涂层厚度的增加降解速率降低。然而，PCL 极高的吸水性导致涂
层在浸泡初期大量吸收膨胀，从而对 PCL 涂层造成破坏。

　　尽管表面涂层技术可以有效延缓镁合金骨植入物在生理环境中的腐蚀速
率，但仍有一些问题没有得到很好的解决。不论是陶瓷涂层还是高分子涂层，
它与生物镁金属的物理性差异都很大，很难与镁基体之间形成紧密的界面结
合。因此，涂层在体液中浸泡一定周期后很容易发生整体脱落，从而失去对镁
基体的保护功能。而且，涂层的力学性能(压缩强度、杨氏模量)与人体骨不匹
配，这会削弱镁基体原有良好的力学相容性，影响骨修复质量。

1.4　镁合金骨植入物的制备技术

1.4.1　传统制备工艺

　　目前常用的镁合金骨植入物制备技术主要有铸造法和粉末冶金法两类。

　　(1)铸造法

　　铸造法是将镁合金粉末完全熔化成液相，然后浇铸到模具腔体中成型，
具有工艺简单，成本低廉等优点。已经有大量研究人员利用铸造法制备生
物镁合金用于骨植入应用研究。例如 Li 等将镁粉和铜粉均匀混合后置于
石墨坩埚中，然后加热到 750℃ 使得镁粉完全熔化并保持 40 min，随后将
液相倒入石墨模具中进行空冷，最终得到块状 Mg – Cu 合金。体内实验证
实 Mg – Cu 合金不仅具有良好的生物相容性，还具有良好的抗菌活性，可
用于骨髓炎的治疗。Bita 等为了制备 Mg – 6Gd – 1Zn 合金，将 Mg – 50Al、
Mg – 50Zn 和 Mg – 10Gd 合金粉混合在感应炉并加热到 770℃，保持 5 min
后倒入模具中，最终获得柱状 Mg – 4.8Gd – 1.2Al – Zn 合金。拉伸测试表
明其极限抗拉强度达到 200 MPa。Andrea 等利用铸造法制备 Mg – Si – Sr 合
金，并利用体内实验研究了其耐腐蚀性能，发现析出的金相间化合物
Mg_2Si、$Mg_{17}Sr_2$ 含量越多，镁基体的降解速率越快。

（2）粉末冶金法

粉末冶金法是先将金属粉末填充到模具中压制成毛坯件，再进行高温烧结实现致密化后获得实体零件。Seyedraoufi 等利用粉末冶金法制备了 Mg - Zn 合金用于骨修复。其过程是先将 Mg 粉和 Zn 粉混合，并加入了一定的制孔剂，然后在压力 100 MPa 的条件下将初始粉末压制成毛坯，随后将毛坯放到烧结炉中进行烧结，先将烧结温度逐渐提高到 250℃ 并保温 4 h，将制孔剂烧除，随后加热到 580℃ 并保温 2 h 实现粉末的致密化。Yu 等利用粉末冶金法制备了 Mg - 6Zn/TCP 用于体内植入应用，它将 Mg 粉 Zn 粉和 TCP 粉混合后利用冷等静压将粉末压制成一个直径 64 mm 厚度 16 mm 的圆柱，随后在真空烧结炉中烧结 2 h，控制烧结温度 620～640℃。扫描电镜下观测 TCP 均匀的分布在镁基体中。力学测试表明所制备镁合金骨植入物具有合适的密度和弹性模量，力学强度是人体骨的两倍左右。

以上两种方法虽然能够用于制备镁合金骨植入物，但也存在一些问题。如铸造法制备镁合金骨植入物时凝固速率慢，会导致晶粒粗化和第二相偏析等组织缺陷，并且镁金属液相流动性差、充型能力弱，容易造成浇铸时充型不充分而降低成型精度。粉末冶金法成型镁合金骨植入物时需要利用二次烧结来实现致密化，烧结时间长（通常为数小时），也会导致晶粒粗化。另一方面，铸造法和粉末冶金法都采用模具进行零件成型，一般适用于大批量生产，缺乏面向特定缺损部位的个性化定制能力。

1.4.2　选区激光熔化技术

选区激光熔化（selective laser melting，SLM）技术是 20 世纪末出现的一种新型快速成型技术，其利用高能激光将金属粉末完全熔化，经快速凝固成型获得三维金属实体零件。实质上，SLM 技术是通过分层叠加的方式将计算机软件设计好的三维模型分割成若干层，然后利用高能激光熔化/凝固成型出每一层实体，随后逐层堆积形成整个实体零件，是一种集合了计算机辅助设计（computer aided design，CAD）、激光加工、计算机数控加工等一体的先进制造技术。典型的 SLM 系统包括激光器、扫描振镜、铺粉装置、成型缸和计算机控制单元，如图 1 - 6 所示。整个 SLM 工艺流程如下：①将 CAD 设计的三维实体模型转换成 STL 文件，计算机根据 STL 文件获得模型分层切片数据；②铺粉装置在成型缸上均匀铺设一层金属粉末；③基于分层切片截面轮廓，计算机控制激光按特定轨迹扫描粉末，粉末层吸热后完全熔化/凝固成型单层实体；④成型缸下降一层的高度，铺粉装置重新铺设一层粉末，然后进行下一层分层切片的激光扫描成型，如此循环，层层叠加，直到零件成型。

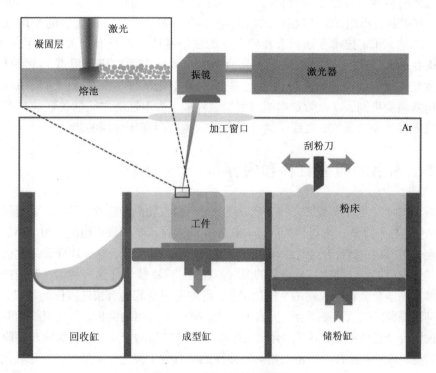

图 1 - 6　SLM 系统示意图

　　SLM 技术作为一种典型的增材制造方法,不受零件形状的限制,在计算机辅助设计的帮助下,几乎可以获得任意几何形状的零件,尤其是传统去除材料加工工艺难以制造的复杂异性结构和三维实体零件。同时,SLM 过程中形成液相熔池,有利于金属离子通过自由扩散促进组分均匀分布,且熔池与底部基板实现无界面热传导,此时基板相当于一个无限大的热容体,导致熔池可通过基板快速散热,从而获得极快的凝固速率(高达 10^{10} K/s)。快速凝固可以有效抑制晶粒的长大以及组分的偏析,从而获得具有细小均匀组织的金属零件。此外,SLM 工艺简单,制造过程无须任何工装夹具、刀具或模具;生产周期短,从设计到零件的加工完成只需几小时到几十小时;材料利用率高;可使用材料范围广,理论上高分子材料、陶瓷材料、金属材料都可以用于 SLM 技术。由于具有以上优势,SLM 技术已经广泛应用于航空、医疗、汽车、电子等领域。

　　假若将 SLM 技术用于镁合金骨植入物的制备,其具有的增材制造和柔性制造特性,能够精确控制镁合金骨植入物的外部整体轮廓和内部精细结构,可满足不同患者、不同部位的个性化定制需求;更重要的是,SLM 成型过程中快速凝固的特性可以细化镁合金的晶粒、提高合金元素的固溶、减少第二相的偏析，有望制备出组织均匀细小的镁合金骨植入物，从而获得优异的耐腐蚀性能。因此，SLM技术在镁合金骨植入物的成型制造方面具有巨大的应用前景。然而目前几乎未见SLM技术制备镁合金骨植入物方面的研究报道，特别是高能激光作用下镁合金粉末快速熔化/凝固的致密化机理、快速凝固过程中微观结构的演变机制，以及微观组织与耐腐蚀性能、力学性能之间的关联规律等问题均未得到深入研究，延缓了镁合金骨植入物迈向临床应用的步伐。

1.5　本书的研究目标和内容

本书针对常规成型工艺容易造成镁合金骨植入物晶粒粗大、第二相偏析等组织缺陷，导致降解速度过快的问题，拟利用SLM技术制备具有组织均匀细小的镁合金骨植入物，结合合金化手段进一步增强其耐腐蚀性能，并利用介孔氧化硅改善其生物活性，以期达到骨修复的要求。首先，SLM技术作为一种增材制造技术能够实现镁合金骨植入物的个性化定制，更重要的是其具有快速凝固的特点，能够抑制晶粒的长大、提高合金元素的固溶、减少第二相的偏析，获得组织均匀细小的镁合金骨植入物；其次，合金化能够改变第二相的分布、提高腐蚀产物膜的致密度，是增强镁合金骨植入物耐腐蚀性能的有效手段之一；最后，介孔氧化硅具有优异的表面活性，在改善镁合金骨植入物生物活性方面具有巨大潜力。

基于以上研究目标，本书从激光制备镁合金骨植入物的系统开发、工艺研究、性能改善三个方面入手，整体研究思路如图1-7所示。首先针对激光制备过程中镁金属粉末容易被烧损、被氧化的问题，构建激光振镜扫描和惰性气体保护装置，开发面向生物镁合金骨植入物的SLM成型系统；其次针对高能激光作用下熔池状态不稳定、组织发展不可控的问题，研究工艺参数对生物镁合金骨植入物成型性能的影响规律，获得优选的工艺参数；再次考虑到离散第二相引起电偶腐蚀，提出与Nd合金化实现第二相包裹镁晶粒，从而进一步提高耐腐蚀性能；最后考虑到镁合金的生物活性较差，提出与介孔氧化硅进行复合，利用介孔氧化硅优异的表面活性和巨大的比表面积促进钙磷沉积从而提高生物活性。

基于以上研究思路，本书研究内容安排如下：

（1）开发面向镁合金骨植入物的SLM快速成型系统。研究激光传输和聚焦特性，调控激光聚焦光斑；构建扫描振镜硬件和控制软件，实现激光高速精准扫描；设计惰性气体保护装置，降低加工环境中氧含量。在所开发SLM系统上进行镁金属的成型制备，揭示镁金属的快速成型机制。

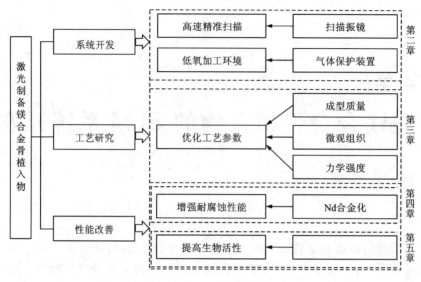

图 1 - 7　本书研究思路

（2）优化 SLM 制备镁合金骨植入物过程中的工艺参数。研究不同激光能量密度对成型质量、微观组织的影响机制；查明微观组织、物相组成、力学性能和耐腐蚀性能之间的关联规律，揭示 SLM 中快速凝固对所成型镁合金骨植入物耐腐蚀性能的改善机理。

（3）引入合金元素 Nd 诱导第二相包裹镁晶粒从而进一步增强镁基体耐腐蚀性能。研究不同 Nd 含量对第二相分布、物相组成、力学性能、耐腐蚀性能的影响规律，揭示不同第二相分布对耐腐蚀性能的影响机制，分析 Nd 合金化对生物相容性的影响。

（4）引入介孔氧化硅利用其表面吸附特性和巨大的比表面积促进钙磷沉积从而提高生物活性。研究快速凝固条件下介孔氧化硅在镁基体中的分散状态以及界面结合特性，重点揭示介孔氧化硅促进镁基体表面钙磷沉积的机理，分析介孔氧化硅对细胞黏附、增殖的影响。

第2章

面向镁合金骨植入物的 SLM 系统开发

在激光制备镁合金骨植入物过程中，由于镁金属具有熔沸点低、蒸气压高、表面张力小、密度小等特点，导致镁金属粉末极其容易发生烧损，同时镁的化学性质非常活泼，使得镁金属很容易被氧化。针对上述问题，在激光快速成型制备镁合金骨植入物过程中，不仅需要精确控制激光加工参数，同时还需要严格控制加工环境中的氧含量。扫描振镜利用高动态响应检流计式有限转角电机带动反射镜偏转来实现激光扫描，因此能够获得高速、精准、稳定的激光扫描。惰性气体保护装置通过密闭空间内气体循环净化可以实现无氧的惰性气体保护氛围。为此，本章基于镁合金的特点构建激光扫描振镜与惰性气体保护装置，通过集成创新开发面向镁合金骨植入物的 SLM 快速成型系统，并在此 SLM 系统上进行镁金属的快速成型制备。

2.1 激光振镜扫描基本理论

激光振镜扫描系统作为 SLM 系统的核心，涉及激光束的长距离传输与聚焦，以及复杂的光斑运动控制，其聚焦精度和运动准度对镁合金骨植入物的成型质量至关重要。因此，本研究先对激光振镜扫描的基本理论进行分析，为激光振镜系统的搭建提供理论支撑。典型的激光振镜扫描系统主要由激光器、光学聚焦组件、振镜和控制器件构成，如图 2-1 所示。激光器射出具有良好方向性和相干性的光束，随后经过光学器件聚焦获得细小均匀的光斑，再经过振镜 X 轴和 Y 轴反射镜片投射到工作面上。同时控制器件调控振镜电机 X 轴、Y 轴偏转角度，实现激光束在工作平面上按照预定图案进行扫描。

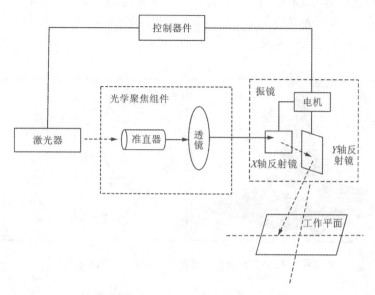

图 2 - 1　典型激光振镜扫描系统示意图

2.1.1　激光束特性

激光器射出的激光束是一种特殊球面波, 其横截面的振幅分布遵守高斯函数, 所以也叫高斯光束。研究高斯光束的传播特性, 对于激光振镜扫描系统的光路设计具有重要意义。假设高斯光束波长为 λ, 沿着 z 轴传播, 则高斯光束可用式(2 - 1)表达:

$$E_{00}(x, y, z) = E_0 \frac{w_0}{w(z)} \exp\left(-\frac{x^2 + y^2}{w^2(z)}\right) \exp\left[-j\left(kz + k\frac{x^2 + y^2}{2R(z)}\right) - \arctan\left(\frac{z}{f}\right)\right]$$

$$(2 - 1)$$

其中,

$$w(z) = w_0 \sqrt{1 + \left(\frac{z}{f}\right)^2} \tag{2-2}$$

$$R(z) = z\left[1 + \left(\frac{z}{f}\right)^2\right] \tag{2-3}$$

$$f = \frac{\pi w_0^2}{\lambda} \tag{2-4}$$

可以看出, 在任意 z 处的横截面内光子振幅 $|E_{00}(x, y, z)|$ 均符合高斯分布, 如图 2 -2(a)所示。同时, 定义 $w(z)$ 为传播距离 z 处的光斑半径, 定义

$R(z)$ 为传播距离 z 处高斯光束的等相位面曲率半径，f 为高斯光束的共焦参数。通常情况下，高斯光束的光斑直径是指其振幅降至中心振幅值 $1/e$ 时与中心轴的距离，如图 2 - 2(b)所示。

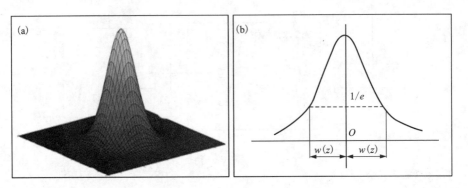

图 2 - 2　高斯束能量分布示意图(a)和 Z 截面示意图(b)

由公式(2 - 2)可得到：

$$\frac{w^2(z)}{w_0^{\ 2}} - \frac{z^2}{f} = 1 \qquad (2-5)$$

由此可知高斯光束的半径 $w(z)$ 和传输距离 z 符合双曲线变化规律，如图 2 - 3所示。且在 $z = 0$ 时，$w(z)$ 有最小值 w_0，该位置被称为高斯光束的束腰位置，w_0 也称为束腰半径。有时也用 z_R 代替 f，即高斯光束的瑞利长度。则有 $w(z_R) = \sqrt{2}w_0$，$R(z_R) = 2z_R$，可知 z_R 代表共腔中心到反射镜的距离，也是高斯光束光斑半径增加到 $\sqrt{2}$ 倍数位置。一般认为在 $z = \pm z_R$ 范围内，高斯光束近似平行光，因此 $2z_R$ 也被称为高斯光束的准直距离。

在高斯光束传播过程中，相面始终保持为球面，而其曲率中心与曲率半径不断变化。当 $z = \pm f$ 时，其曲率半径 $R = 2f = L$，等相位面与腔镜反射面重叠；而当 $z = 0$ 或无穷大时，其曲率半径 R 也趋向无穷大。共焦腔的中心位置及距中心无限远处的等相位面都是平面。腔镜反射面是高斯光束传播过程中曲率半径最小的等相位面。高斯光束的光斑直径按照双曲线规律变化，可知不同位置光束的发散角也不同。一般情况下，高斯光束的远场发散角定义为高斯光束的发散角，可通过公式(2 - 6)计算：

$$\theta_0 = \lim_{z \to \infty} \frac{2w(z)}{z} = 2\sqrt{\frac{\lambda}{\pi z_R}} \qquad (2-6)$$

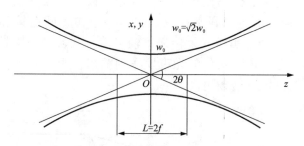

图 2 - 3 激光束半径随传输距离变化示意图

2.1.2 激光聚焦理论

对于特定激光器,其射出激光束的光束质量一般用二因子法来衡量,可通过式(2-7)表达:

$$M^2 = \pi D_0 \theta_0 / (4\lambda) \qquad (2-7)$$

式中,D_0 为束腰直径,θ_0 为远场发散角。由式(2-7)可知,光束质量主要跟束腰直径和远场发散角有关。M^2 数值越接近 1,表明其光束质量越好。一般而言,激光器发出的激光束需要通过多组透镜聚焦整形之后才可用于激光加工。经过透镜后,激光束束腰直径与远场发散角的积不变,即有:

$$D_0 \theta_0 = D_1 \theta_1 \qquad (2-8)$$

式中,D_0 为变换前束腰直径,θ_0 为变换前远场发散角,而 D_1 为变换后束腰直径,θ_1 为变换后远场发散角。结合式(2-7)和(2-8),聚焦得到的激光束光斑直径 D_f 可用式(2-9)计算:

$$D_f = M^2 \times \frac{4\lambda}{\pi} \times \frac{f}{D} \qquad (2-9)$$

式中 D 为激光束通过最后一个聚焦透镜时的光束直径,f 为最后一个聚焦透镜的焦距。由式(2-9)可知,激光束聚焦后的光斑直径大小不仅与激光束的光束质量和波长有关,同时也跟透镜的焦距和光束直径有关。在构建激光振镜扫描系统时,一旦选定激光器,其光束质量和波长也已经确定,此时可通过调整透镜的焦距 f 或光束直径 D 来获得理想的聚焦光斑尺寸。

激光器输出的激光束一般需要进行扩束处理。基于式(2-8)可知,激光束直径扩大 N 倍后,其发散角缩小至原来的 $1/N$ 倍,即提高了激光束的准直度。同时由式(2-9)可知,激光束直径扩大能够聚焦得到更小的光斑尺寸。此外,激光扩束后功率密度减小,从而减小光路传输过程中光学器件表面承受的能量密度。这能够有效避免光学器件因承受高能量密度激光束而发热，延长光学器件的使用寿命。激光扩束分为伽利略扩束和开普勒扩束，如图 2-4 所示。伽利略扩束镜包括一个输入凹透镜和一个输出凸透镜。输入镜将一个虚焦距光束传送给输出镜。开普勒扩束镜用一个凸透镜作为输入镜，把实焦距聚焦的光束发送到输出镜上。相比于伽利略扩束镜，开普勒扩束镜扩束倍数更高。

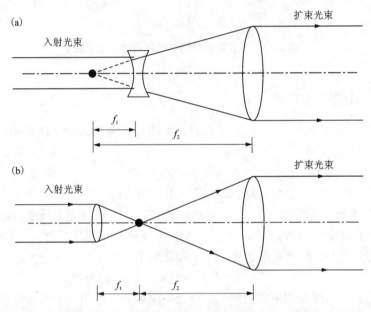

图 2-4　激光束扩束原理：（a）伽利略扩束；（b）开普勒扩束

激光扩束后需要进行聚焦，其焦点具有一定的聚焦深度。显然在振镜扫描过程中，需要将工作面上任意一点的离焦量均控制在焦深范围内。焦深 h_Δ 的大小通常可从激光束束腰位置向两边截取至光束直径增大 5% 的位置，可用式（2-10）计算：

$$h_\Delta = \pm \frac{0.08\pi D_f^2}{\lambda} \qquad (2-10)$$

可知激光束的焦深与波长 λ 成反比，在聚焦光斑尺寸 D_f 一定的情况下，越短的激光束波长能够获得越大的焦深。

根据聚焦透镜在振镜扫描系统中位置的不同，激光束聚焦方式可分为前聚焦和后聚焦两种。前聚焦是激光扩束后先进行聚焦，再通过振镜完成角度偏转。当聚焦透镜位置固定时，也称作静态聚焦。显然，静态聚焦后从振镜射出来的激光束所形成的聚焦面为一个以振镜为圆心的弧面。假设工作面中心在聚焦面上,则工作面上其他扫描点的离焦量随着与中心点距离的增加而变大。一般情况下,激光束焦深较小,所以利用静态聚焦很难确保工作面内所有扫描点的离焦量均在焦深范围内。在这种情况下,可以采用动态聚焦,通过移动聚焦镜位置来补偿离焦量。为了保证响应速度,动态聚焦镜的移动距离一般控制在 5 mm 内。同时利用另一个物镜放大聚焦镜的调节作用,从而实现工作平面内所有扫描点均在焦深范围内。需要指出的是,由于扫描角度以及聚焦距离的不同,边缘扫描点的聚焦光斑一般比中心聚焦光斑稍大,因此会出现工作范围内各扫描区域能量不均的现象。后聚焦是指激光经过扩束后先通过振镜完成角度偏转,再通过透镜聚焦在工作平面上。在这种情况下,透镜聚焦为平面聚焦,其通过改变入射激光束与透镜轴线之间的夹角来改变扫描点位置。采用后聚焦方式搭建的光路结构简单,成本相对较低,在工作面较小时也能够得到均匀的聚焦光斑。

2.1.3　振镜扫描数学模型

激光振镜扫描过程中,X 轴和 Y 轴反射镜的偏转角度与工作平面上扫描点的位置之间存在着某种一一对应关系。要实现激光束的精确扫描,就需要建立 X 轴和 Y 轴偏转角度与扫描位置之间的数学模型。

对于前聚焦方式,激光束先经过透镜完成聚焦,再通过振镜反射到工作平面。理论上,当振镜 X 轴和 Y 轴偏转角度均为 0° 时,从振镜出来的激光束扫描位置为工作平面中心点 $O(0, 0)$,如图 2 – 5 所示。假设 X 轴振镜到 Y 轴振镜之间的距离为 d,Y 轴振镜到工作面上 O 点的距离为 h。那么在扫描位置为初始点 O 时,激光束从 X 轴镜片到扫描点路程为 $L = h + d$。假定当 X 轴振镜偏转角度 θ_x 后,同时 Y 轴振镜偏转角度 θ_y 后,激光束扫描点位置为 $P(x, y)$。在 ΔAOB 中有:

$\tan\theta_y = y/h$,$AB = \sqrt{h^2 + y^2}$,在 ΔACP 中,可知有 $AC = AB + BC = \sqrt{h^2 + y^2} + d$,且 $\tan\theta_x = x/(\sqrt{h^2 + y^2} + d)$。那么在激光束扫描 P 点时,振镜 X 轴、Y 轴的偏转角度为:

$$\theta_x = 0.5\arctan\frac{x}{d + \sqrt{h^2 + y^2}} \qquad (2-11)$$

$$\theta_y = 0.5\arctan\frac{y}{h} \qquad (2-12)$$

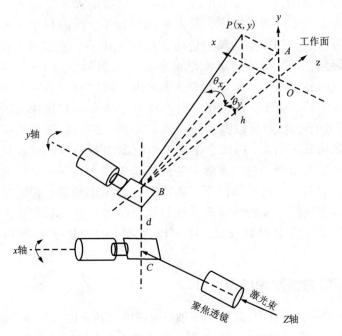

图 2 - 5　前聚焦式激光振镜扫描数学模型

对于后聚焦方式，入射激光束先经过振镜 X 轴和 Y 轴反射镜反射后，再通过透镜聚焦在工作面，如图 2 - 6 所示。理想情况下，焦点距离工作场中心的距离满足以下关系：

$$L = f_\theta \qquad\qquad (2 - 13)$$

式中，f 为 F - theta 透镜的焦距，θ 为入射激光束与透镜法线的夹角。工作面上扫描点的轨迹可通过公式(2 - 14)和(2 - 15)表示：

$$x = \frac{L \sin 2\,\theta_x}{\cos(L/f)} \qquad\qquad (2 - 14)$$

$$y = \frac{L \tan 2\,\theta_y}{\tan(L/f)} \qquad\qquad (2 - 15)$$

式中，L 为扫描点离工作场中心的距离，且有 $L = \sqrt{x^2 + y^2}$。计算可得后聚焦式激光扫描的数学模型为：

$$\theta_x = 0.5 \arcsin \frac{x \cdot \cos(\sqrt{x^2 + y^2}/f)}{\sqrt{x^2 + y^2}} \qquad\qquad (2 - 16)$$

$$\theta_y = 0.5\arctan\frac{y \cdot \tan(\sqrt{x^2+y^2}/f)}{\sqrt{x^2+y^2}} \qquad (2-17)$$

　　需要指出的是，上述激光振镜扫描数学模型是在理想状态下建立，包括假定入射光为平行光，同时假定激光束从振镜轴反射镜中心位置入射。在实际构建的光路中，很难保证激光束恰好从反射镜中心位置入射。因此上述数学模型中所采用的激光束入射方向与透镜法线的夹角与实际情况会存在一定的偏差。另一方面，尽管采用准直器提高了入射光的平行度，但入射光仍非理论上的平行光。为了减少振镜扫描位置的偏差，一般还需要采用校正方案来对扫描位置进行校正。

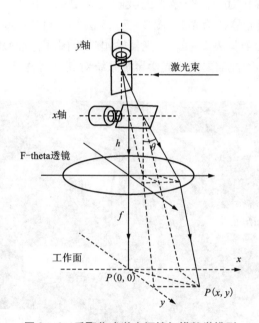

图 2 − 6　后聚焦式激光振镜扫描数学模型

2.2　SLM 系统组成

　　本研究基于激光振镜扫描基本理论搭建激光振镜扫描系统，实现高速精准的光斑扫描。同时构建惰性气体保护装置，以此降低加工环境中的氧含量。下面分别对激光振镜扫描系统和惰性气体保护装置进行详细介绍。

2.2.1　激光振镜扫描系统

激光振镜系统采用后聚焦方式构建振镜扫描光路，主要硬件包括激光器、准直器、振镜和聚焦透镜。

（1）激光器

激光器是利用工作物质在激励条件下辐射光子，并通过谐振腔使发出的光子具有一致的频率、相位和运动方向，从而获得具有良好方向性和相干性的激光束。目前常用激光器主要有二氧化碳激光器和光纤激光器。二氧化碳激光器发出激光束的波长为 $10.6\ \mu m$，而光纤激光器发出激光束的波长为 $1.06\ \mu m$。研究表明，金属材料对短波长激光的吸收效率更高。因此，本研究选用美国 IPG 公司的光纤激光器作为光源（图 2 - 7），型号为 YLR - 500 - WC - Y14，其输出激光束详细参数见表 2 - 1。激光器输出端为国际标准 QBH 接口，输出的激光束为发散光，因此需要利用光学聚焦系统对其进行整形。

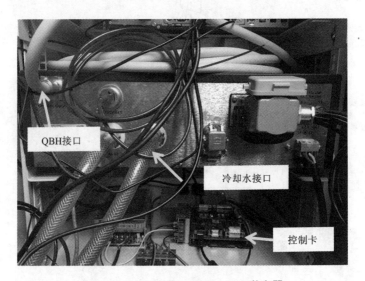

图 2 - 7　YLR - 500 - WC - Y14 激光器

表 2 - 1　激光器输出激光束参数

额定功率/W	波长/nm	频率/kHz	光束质量/M^2	光束散度/mrad
500	1060	50	1.05	140

（2）准直器

准直器的主要功能是将激光器射出的发散光变换成平行光，同时将光斑直径扩大。本系统选用瑞士 Raytools 公司生产的 QBH - XYA - CLA150 准直器，外部结构如图 2 - 8 所示。其采用伽利略式设计，射出的激光束平行性好，且功率损耗低。该准直器输入端为 QBH 标准接头，可以直接匹配 IPG 光纤激光器输出端口，也可与带有 QBH 接口的光纤串联。输出端输出光斑直径为 12 ± 1 mm。同时配有冷却水循环装置，有利于工作时散热。为了尽量提高振镜头入射激光束的平行度，本系统将准直器直接安装在振镜头光束入射端，而激光器与准直器之间采用光纤来传输激光束。

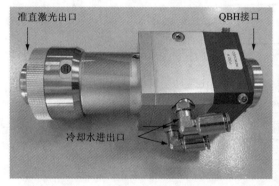

图 2 - 8　QBH - XYA - CLA150 准直器结构

（3）振镜

振镜可分为二维振镜和三维振镜。二维振镜为静态聚焦，工作焦距不可调。三维振镜比二维振镜多了一个动态聚焦系统，可根据需要动态调整工作焦距。本系统选用德国 Raylase 公司的二维振镜，型号为 SSIIE - 20，如图 2 - 9（a）所示。该振镜主要由 X 轴和 Y 轴反射镜片、线圈、高精度电机组成。其工作原理是利用线圈内产生的电流在周围形成一个电磁场，从而驱动电机产生偏转，偏转角度与线圈内电流大小成正比。不同于普通电机，振镜电机内安装有机械弹簧，因此只能发生小角度偏转。SSIIE - 20 振镜扫描速率高（0 ~ 3 m/s 连续可调），响应快，定位速率达 7 m/s，其他参数指标见表 2 - 2。该振镜通过 25 针孔接口连接外来数字控制信号，采用 XY2 - 100 数字信号传输协议实现信号传输，同时设有冷却水循环装置，冷却水压力需要控制在 2 至 3 bar（1 bar = 0.1 MPa）范围内。

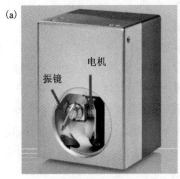
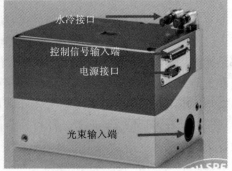
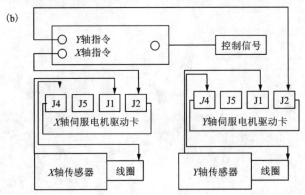

图 2 - 9　(a) SSIIE - 20 振镜结构和(b)控制原理

表 2 - 2　SSIIE - 20 振镜主要参数指标

入射光直径 /mm	扫描速率 /($m \cdot s^{-1}$)	加速时间 /ms	定位速度 /($m \cdot s^{-1}$)	X - Y 轴距离 /mm
≤20	≤3	≤0.61	7.0	25.63

（4）场镜

激光束经过振镜后，再利用场镜进行聚焦。在这种后聚焦方式中，经过振镜内的激光束能量密度相对更低，能够更好地保护振镜内的反射镜片。而且，后聚焦方式采用简单的静态聚焦方式就能很好地实现光斑均匀聚焦在小幅工作面上，大大减少了振镜扫描系统的开发成本。本系统选用新加坡 Wavelength 公司的 F - theta 透镜，型号为 SL - 1064 - 320 - 450Q，其结构如图 2 - 10 所示。该透镜是由低色散熔融石英制成，以避免背反射和残影，其详细参数见表 2 - 3。经过场镜聚焦后，光斑直径约为 100 μm。

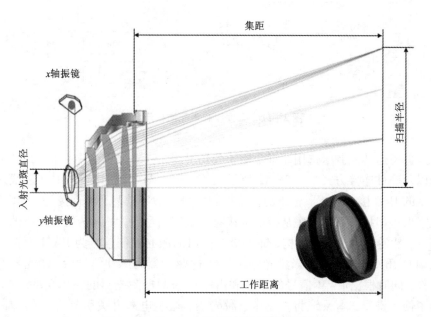

图 2 - 10　F - theta 透镜结构示意与实物图

表 2 - 3　F - theta 透镜详细参数

焦距/mm	扫描范围/mm²	入射光斑直径/mm	外径/mm	工作距离/mm
450	320×320	14	117	515.9

（5）控制单元

本系统中振镜的控制单元由 PC 机和控制卡组成，其原理如图 2 - 11 所示。一般而言，从输入扫描方案到工作面扫描完成，中间需要经过大量的数据处理，包括参数设定、路径分析、插补计算、校正计算、数据转换等。目前市场上已经开发了多款针对激光振镜扫描运动控制的专用软件。这些软件不仅集成了振镜运动控制的核心算法，同时提供了友好的人机界面便于用户操作，如设定扫描方案、加工参数等。当 PC 机完成数据处理后，控制卡只需要将 PC 机处理后的数字信息转换成模拟信号，然后传输给驱动机构，包括振镜、激光器。在这种情况下，控制卡成为简单的硬件接口卡，只需要完成简单的数据传送和信号转换。

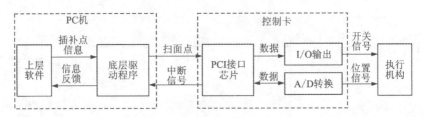

图 2-11　振镜控制单元结构示意图

　　振镜运动控制卡选用北京金橙子公司开发的 LMC 2014 数字卡，其外部结构以及硬件连接方式如图 2-12 所示。该控制卡与 PC 机串联的 PCI 总线采用常见的 USB 接口方式。输出的振镜控制信号为数字信号，可直接与 SSIIE-20 数字振镜串接。数字振镜从控制卡接收到数字信息后，将其转化为相应的控制指令，然后传输给执行机构，即电机。输出的激光控制信号为 PWM 模拟信号和调 Q 开关脉冲信号。当激光器接收到 Q 驱动器的脉冲信号后，激光器开始工作，同时根据 PWM 信号的频率和占空比来调控激光器的输出功率。此外，为了便于操作，本系统将控制卡、激光器、振镜电源开关引到专门的控制面板上。

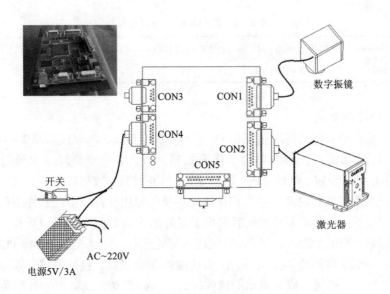

图 2-12　控制卡结构与连接方式

　　振镜运动的控制软件选用北京金橙子公司开发的振镜标刻软件 EzCad，其人机界面如图 2 – 13 所示。该软件可在 Windows 操作系统上运行，配合控制卡 LMC 2014 后能够支持多种数字振镜以及 IPG 系列光纤激光器。同时，该软件集成了功能强大的绘图工具。用户可以利用软件内集成的绘图工具快速输入扫描图案。随后底层软件将进行路径规划，找出最佳扫描路径并进行插补算法，分析出扫描路径中所有扫描点的位置，然后将这些数据信息传输给控制卡。

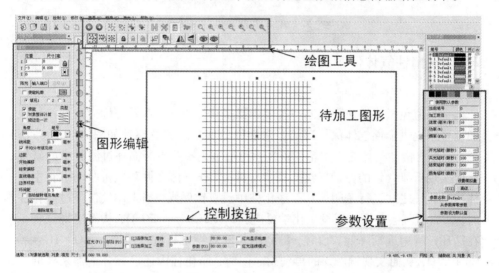

图 2 – 13　EzCad 软件界面

　　EzCad 软件还集成了扫描误差校正算法。对于常见的方形工作场，可选取方形四个顶点，与坐标轴的四个交点以及中心点作为特征点，建立九点校正模型，如图 2 – 14 所示。此时，整个工作场被划分成四个象限。在进行扫描误差校正时，需要依次对每个象限进行校正计算。以第一象限为例，对于任一象限内扫描点 (x, y) 的校正量均可通过四个特征点 B, C, O, E 的校正量得到。

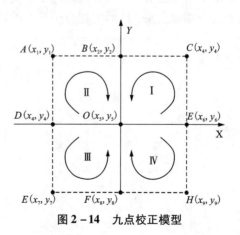

图 2 – 14　九点校正模型

　　其原理是通过输入特征点坐标的测量值和理论值之间的误差，从而计算出象限内不同坐标点的坐标补偿量系数。将补偿量反馈到扫描模型进行校正后，再次测量测量值和理论值之间的误差，如此进行多次校正，直到扫描误差控制在允许范围内为止。在实际校正过程中，一般需要多次校正才能达到一定的精度。因此校正系数一般是多次校正系数累加，见公式(2-18)和(2-19)：

$$x' = \sum_{i=1}^{n}(a_{1i} + a_{2i}x + a_{3i}y + a_{4i}xy) \qquad (2-18)$$

$$y' = \sum_{i=1}^{n}(b_{1i} + b_{2i}x + b_{3i}y + b_{4i}xy) \qquad (2-19)$$

2.2.2　惰性气体保护装置

（1）惰性气体循环保护原理

为了避免激光快速凝固制备过程中镁金属被氧化，本系统构建惰性气体保护装置来提供惰性气体保护环境。惰性气体保护装置的原理如图2-15(a)所示，它是将惰性气体充入主箱体，然后利用净化系统不断循环过滤其中的氧气从而实现低氧含量的保护气氛。具体来讲，工作气体在循环风机驱动下在主箱体与净化柱之间进行密闭循环。净化柱中设有铜触媒，当工作气体经过净化柱时，所含氧气会与铜触媒发生化学反应：$O_2 + 2Cu \Longrightarrow 2CuO$，从而使得氧含量在循环过程中逐渐降低。而且，可利用氢气对铜触媒进行还原：$CuO + H_2 \Longrightarrow Cu + H_2O$，从而实现铜触媒的再利用。同时，净化柱中还设有分子筛来降低工作气体湿度。分子筛的水饱和量特征曲线如图2-15(b)所示，在温度降低时，分子筛水饱和量高，能吸收大量的水。提高温度后，分子筛水饱和量降低，吸附的水会释放出来，从而实现分子筛的循环利用。

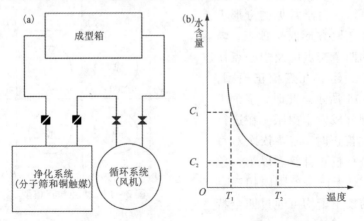

图2-15　气体保护装置原理图(a)和分子筛水饱和量特征曲线(b)

（2）气体保护装置组成

本系统所构建惰性气体保护装置如图 2 - 16 所示，它主要由主箱体、净化单元和过渡舱三个部分组成。主箱体前后均设有两个手套口，上面装有丁基橡胶手套。操作人员利用手套可以在箱体内进行自由的实验操作。同时箱体前端为倾斜视窗，方便操作人员观察箱体内操作过程。此外，箱体上方预留一个激光入射孔，孔上安装具有高透光的石英玻璃。振镜安装在箱体上面，从振镜反射出的激光束透过石英玻璃进入箱体内。

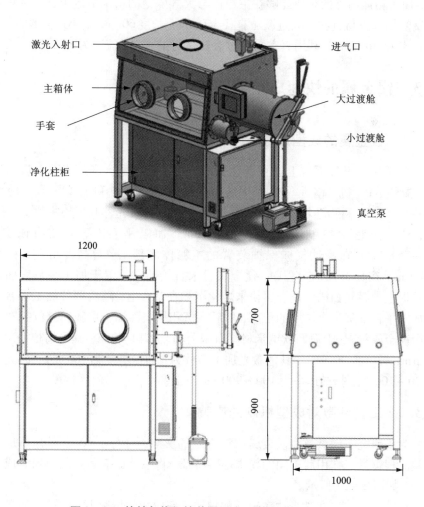

图 2 - 16　惰性气体保护装置组成示意图（单位：mm）

净化单元包括净化柱和循环风机安置在主箱体下端。两个净化柱内分别装有 5 kg 铜触媒和 5 kg 分子筛。循环风机启动后带动工作气体流动，流速为 90 m³/h。箱体内装有氧含量探测器，其对工作气体中的氧含量进行实时监控，并将监测数据实时反馈 PLC 控制单元。设置氧含量目标值为 1 μL/L，当工作气体中氧含量达到要求时，PLC 控制单元发出指令关闭循环风机，停止气体循环。

主箱体右侧设有两个过渡舱。过渡舱是主箱体与箱体外的过渡空间，由两个密封门和一个室体组成。内外两个密封门能够有效地隔绝主箱体与外界的联系，使得箱体内外的东西能够在主箱体与大气隔绝的情况下进出，避免对主箱体反复抽真空与过滤。大过渡舱直径 360 mm，长度 600 mm，小过渡舱直径 150 mm，长度 300 mm。利用真空泵对过渡舱进行抽真空，流速为 8 m³/h。

2.3　镁金属的快速成型机制

2.3.1　镁金属的成型过程

在所开发 SLM 系统上进行镁金属的快速成型实验，该系统不仅包括激光器、振镜、PC 机、惰性气体保护装置，还包括冷水机和加工平台。冷水机（KLD‑LS27，科力达精密制冷有限公司，中国）为激光器和振镜提供循环冷却水，SLM 过程中控制水流速 3.5 L/min。加工平台（派迪威有限公司，PT‑75X）固定在惰性气体保护装置的主箱体底部，平台高度可调，精度为 0.1 μm。在 SLM 实验过程中，镁金属粉末直接铺在放置于加工平台表面的烧结基板上。激光扫描后镁金属粉末熔化沉积在基板上，随后调节加工平台高度使加工平台下降一个层厚的距离，然后在沉积层表面铺一层新粉继续扫描。所使用镁金属粉末（上海乃欧纳米材料有限公司）为球形粉末，其平均粒径尺寸为 10 μm，纯度为 99.9%。其他激光加工参数为：铺粉厚度为 100 μm，激光功率为 20～100 W，扫描速率为 100～900 mm/min。

2.3.2　工艺参数对成型机制的影响

为了研究不同参数对镁金属成型机制的影响，进行了 63 组激光单道扫描实验。根据激光作用后不同的粉末熔凝特征，将整个加工参数范围划分成五个区域，如图 2‑17 所示。

（Ⅰ）微熔区：在激光功率较低和扫描速率较快的情况下，所输入的激光能量密度非常低，不足以使镁金属粉末发生明显变化；（Ⅱ）部分熔化区：加大激光功率后，提高的激光能量密度使得镁金属粉末发生部分熔化，形成的少量液相在冷却过程中将未熔化固体颗粒黏结在一起；（Ⅲ）完全熔化/凝固区：通过增加激光功率继续将激光能量密度提高，使得粉层颗粒完全熔化，随后快速冷却形成连续致密的扫描痕迹；（Ⅳ）烧损区：进一步提高激光能量密度后，熔池温度进一步提高，部分镁金属发生气化，冷却后基板上只留下少量的镁金属沉积层；（Ⅴ）气化区：所有镁金属粉末在激光作用下立即蒸发，出现大量烟尘。

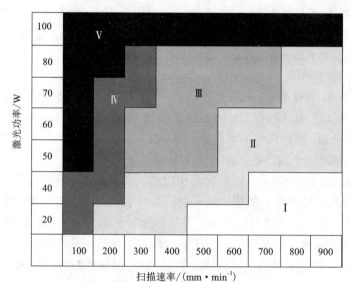

图 2 – 17　不同加工参数下镁金属粉末的熔凝特征
（Ⅰ）微熔区；（Ⅱ）部分熔化区；（Ⅲ）完全熔化/凝固区；（Ⅳ）烧损区；（Ⅴ）气化区

　　显然，当激光加工参数处于微熔区（Ⅰ）、部分熔化区（Ⅱ）时输出的激光能量密度相对不足，而处于烧损区（Ⅳ）、气化区（Ⅴ）时激光能量密度相对过高。利用扫描电镜（JSM – 6490LV，JEOL Ltd.，Japan）观测不同加工参数下获得扫描痕迹的表面形貌，如图 2 – 18 所示。在激光功率 20 W、扫描速率 600 mm/min（微熔区Ⅰ）参数下获得扫描痕迹的表面呈现疏松结构。粉末颗粒基本保持原始形态，它们之间仅形成了非常微弱的黏结［图 2 – 18（b）］。在激光功率 50 W、扫描速率 600 mm/min（部分熔化区Ⅱ）参数下得到扫描痕迹的表面依然非常粗糙，仍可观测到大量孔隙。不同的是，扫描痕迹表面出现了一些明显长大的球体，而且这些球体之间形成了烧结颈，实现了较为有效的黏结［图 2 – 18（d）］。在激光功率 70 W，扫描速度 400 mm/min［完全熔化/凝固区（Ⅲ）］工艺参数条件下，得到的扫描痕迹表面相对连续平滑［图 2 – 18（e）］。这是因为输入足够的能量密度使粉末完全熔化成液相，随后液相充分流动并快速冷却，从而形成连续致密、平滑光整的表面。然而镁金属粉末的气化点很低

（1075℃），继续增大激光功率或减少扫描速率而进一步提高能量密度后，熔池内镁金属大量气化，甚至形成大量烟尘，仅有极少量镁金属沉积在基板上。

上述分析表明，只有选用部分熔化区（Ⅱ）和完全熔化/凝固区（Ⅲ）范围内加工参数才能实现镁金属的快速成型制备。为此，选用加工参数 50 W、600 mm/min（部分熔化区）和 70 W、400 mm/min（完全熔化/凝固区）制备了多层镁金属制件，外形尺寸为 $6 \times 6 \times 6 （mm^3）$。采用金相砂纸对其表面研磨，并利用丝布进行抛光处理，然后采用自制苦味酸对抛光面进行腐蚀，腐蚀时间为 10 s。苦味酸溶液按照 4.2 g 苦酸味、10 mL 乙酸和 70 mL 无水乙醇这一比例配比。利用光学显微镜（PMG3，Olympus Ltd.，Japan）观察其显微组织，结果如图 2 - 19 所示。可见 50 W、600 mm/min 工艺参数条件下获得镁金属基体中出现了大量的孔隙，基体中镁晶粒基本维持了原有的球体形状。对于 70 W、400 mm/min 工艺条件下成型镁金属，腐蚀后可见明显的晶界，晶界处没有明显孔隙。显然，相比部分熔化烧结成型镁金属，完全熔化/凝固成型镁金属的致密度更高。

一般而言，激光快速成型涉及固相烧结、半固相烧结和完全熔化/凝固成型三种不同的成型机制。固相烧结是利用高能激光作用于粉末颗粒表面，提高粉末表面能，促进原子沿颗粒表面、晶界等途径扩散传质，最终驱动固态颗粒之间完成烧结致密化。然而激光作用的时间极其短暂，因此很难实现粉末颗粒之间原子的充分扩散传质，导致固相烧结成型工件的致密度低，力学性能差。事实上，这种固相烧结一般只用于加工高熔点陶瓷、金属材料，在激光处理后，还需要进行二次烧结来实现致密化。在半固相烧结过程中，粉末颗粒吸收能量后部分熔化，液相沿着颗粒表面以及内部晶界处生成。所形成的液相流动并润湿未熔化固相，促进颗粒的溶解和重排，从而推动固相致密化。同样，激光快速成型过程中极其短暂的作用时间限制了固相颗粒的有效重排，从而降低了其致密度。Zhu 等利用半固相烧结机制制备铜基复合材料，发现所成型金属制件的致密度最高仅达到 65% 左右。而且，利用半固相烧结成型工件的表面精度也不高，通常需要进行表面抛光处理。

不同于前两种成型机制，完全熔化/凝固成型是在合适激光能量密度作用下实现镁金属粉末的完全熔化，获得了液相熔池。此时充足的液相降低了熔池内的黏度，有利于液相充分流动，迅速填充内部空隙。随后熔池通过无界面传热快速固化成型，从而获得具有高致密度的工件。众所周知，致密度越高，SLM 成型工件的力学性能越好。因此，随着大功率激光器的出现，现在研究人员主要利用完全熔化/凝固机制成型金属制件。需要指出的是，在完全熔化/凝固成型过程中，高温熔池状态极不稳定，容易引起球化现象，且熔池内过多的热量累积会导致冷却过程中出现热应力而产生热裂纹。

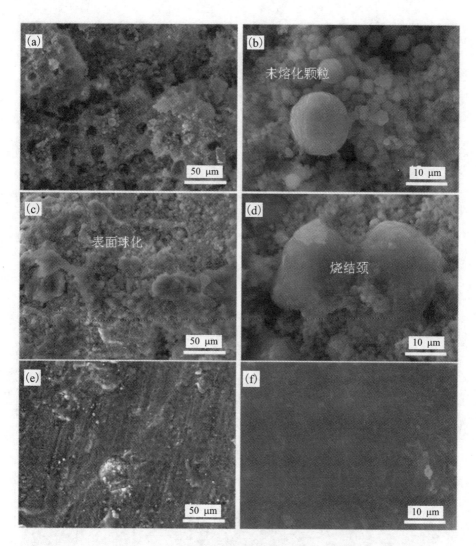

图 2-18　不同工艺参数下所获得典型表面形貌

（a）激光功率 20 W，扫描速率 600 mm/min；（c）激光功率 50 W，扫描速率 600 mm/min；（e）激光功率为 70 W，扫描速度 400 mm/min；（b）、（d）、（f）分别为（a）、（c）和（e）的放大图

图 2 - 19　光镜下获得激光快速成型制备镁金属的晶体结构

（a）50 W、600 mm/min（部分熔化区）；70 W、400 mm/min（完全熔化/凝固区）

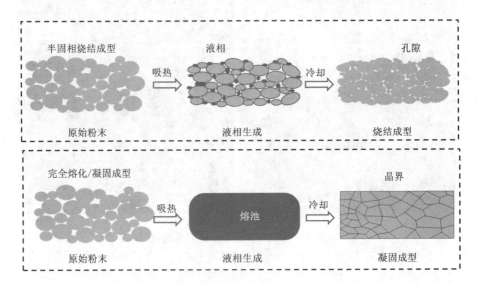

图 2 - 20　激光作用下镁金属粉末半固相烧结成型和完全熔化/凝固成型机制

2.3.3　力学与耐腐蚀性能

　　分别利用压缩试验和压痕试验分析 SLM 成型镁金属的力学性能。将样品研磨、抛光、清洗后获得光整表面，然后放置在万能力学试验机(WD-D1，上海卓技仪器设备有限公司)上进行压缩试验，加载速率为 0.5 mm/min，随后根据压缩应力-应变曲线得到压缩强度。利用数显显微硬度仪(HXD-1000TM/LCD，上海精密仪器仪表有限公司)实施压痕试验，载荷为 2.942 N，保压时间 10 s。根据施加载荷(F)、压痕对角线长度(d)，通过公式(2-20)计算得到显微硬度(H)：

$$H = 0.1891 \frac{F}{d^2} \tag{2-20}$$

　　结果如图 2-21(a)所示，完全熔化/凝固成型镁金属的压缩强度和硬度分别为 45.6 MPa 和 40.1 HV，而半固相烧结成型镁金属的压缩强度和硬度相对较低，仅有 37.6 MPa 和 33.7 HV，可见完全熔化/凝固成型的镁金属具有更好的力学性能。

　　利用人体模拟体液浸泡实验来研究所制备镁金属的耐腐蚀性能。人体模拟体液具有与人体血浆相似的离子浓度，其化学组分见表 2-4。浸泡实验在烧杯中进行，模拟体液体积为 100 mL，同时将烧杯放置在恒温水浴箱中，保持温度 37 ℃，浸泡时间为 72 h。浸泡期间利用 pH 计(PHSJ-5，上海仪电科学仪器股份有限公司)测量烧杯中浸泡液的 pH，结果如图 2-21(b)所示。可见浸泡液的 pH 在最初的 24 h 内迅速上升，随后 pH 缓慢上升，最终完全熔化/凝固成型镁金属浸泡液的 pH 稳定在 10.5 左右，而半固相烧结成型镁金属浸泡液的 pH 稳定在 11.3 左右。镁金属浸泡在模拟体液后发生腐蚀会形成氢氧根离子，所以 pH 逐渐增加。完全熔化/凝固成型镁金属浸泡液的 pH 更小，表明其腐蚀速率更慢。据其原因，完全熔化/凝固成型镁金属致密度更高，接触浸泡液的面积更小。

表 2-4　人体模拟体液与人体血浆的化学组分

组分	Na^+	Ca^{2+}	Mg^{2+}	Cl^-	K^+	HPO_4^{2-}	HCO_3^-	SO_4^{2-}	pH
模拟体液	142.0	2.5	1.5	147.8	5.0	1.0	4.2	0.5	7.4
人体血浆	142.0	2.5	1.5	103.0	5.0	27.0	1.0	0.5	7.2~7.4

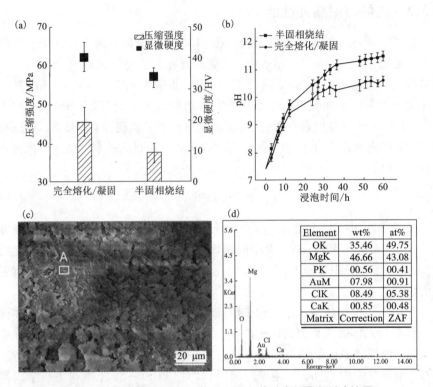

图 2 - 21　激光快速成型制备镁金属力学测试和浸泡测试结果
(a)力学性能;(b)镁金属浸泡在模拟体液后 pH 的变化曲线;(c)完全熔化/凝固成型镁金属浸泡在
模拟体液 24 h 后的表面形貌;(d)对应图(c)中区域 A(方框标识)的 X 射线能谱分析结果

利用扫描电镜观测镁金属在模拟体液中浸泡 24 h 后表面形貌,结果如图 2 - 21(c)所示。可见大量的降解产物覆盖在镁基体表面,并展现出疏松多孔的结构。采用 X 射线能谱仪(JSM - 5910LV, JEOL Ltd., Japan)分析腐蚀产物的元素组成,结果如图 2 - 21(d)所示。可知腐蚀产物主要由镁和氧元素组成,表明腐蚀产物主要是氢氧化镁和氧化镁。相关研究表明,镁金属腐蚀产物膜的形成是基于反复的溶解/沉淀机制。一般来说,一排水分子会通过水合作用吸附在腐蚀产物膜表面,但是氯离子要比水分子小得多,因此氯离子会穿透表层吸附的水分子,使得沉积的氢氧化镁转化成可溶解的氯化镁,导致里层的镁基体重新暴露在腐蚀液中,即腐蚀持续进行。总体而言,覆盖在镁基体表面的腐蚀产物层在一定程度上延缓了镁基体的腐蚀,因此在浸泡一段时间后 pH 上升速度减缓。

2.4　本章小结

本章基于镁金属的特点，构建了激光扫描振镜和惰性气体保护装置，集成创新开发了面向镁合金骨植入物的 SLM 成型系统，并在所开发的 SLM 系统上进行了镁金属的快速成型制备。主要结论如下：

（1）采用扩束镜、F - theta 透镜后聚焦方式优化了激光传输路径，获得了细小均匀的聚焦光斑，光斑直径约 100 μm；基于 PC 端软件和控制板卡实现了振镜的运动控制，获得了高速精准的激光扫描，激光扫描速率 0～3 m/s 连续可调；构建气体保护装置降低了工作气体中的氧含量，获得了惰性气体保护的加工氛围，氧含量低于 1 μL/L。

（2）SLM 成型过程中，加工参数直接决定镁金属的快速成型机制。在激光能量较低时，镁金属粉末颗粒部分熔化，形成少量液相流动并润湿未熔化颗粒，实现颗粒的溶解和重排，完成半固相烧结；当激光能量过高时，大量镁金属将被直接烧损，形成大量烟尘；在优选工艺条件下（激光功率 50W、扫描速率 600 mm/min），利用完全熔化/凝固成型机制获得了致密的镁金属，其压缩强度为 45.6 MPa、显微硬度为 40.1 HV。

第3章

SLM 制备镁合金骨植入物的工艺优化

SLM 过程中熔池吸收大量能量后状态极其不稳定，易导致液相球化等表面缺陷；同时冷却过程中的热收缩行为易造成凝固层内积累相当大的残余应力而产生微裂纹；此外熔池内极高的温度梯度易导致微观组织的不可控发展，而这些均与 SLM 过程中的工艺参数(例如激光功率、扫描速度、扫描间距和粉层厚度)密切相关。为此，本章节对 SLM 的工艺参数进行优化，研究不同工艺参数下镁合金微观结构的演变，重点分析不同显微组织对镁合金降解性能和力学性能的影响规律，最终获得优选的工艺参数，并揭示 SLM 工艺对镁合金耐腐蚀性能的增强机理。

3.1 工艺参数对微观结构的影响

3.1.1 制备过程

本研究选用 ZK60 粉末用于激光快速成型实验。ZK60 不仅具有足够的力学强度，同时还具有良好的生物相容性、骨传导性和骨诱导性。所使用的 ZK60 合金粉末(唐山威豪镁粉有限公司)是在惰性气体保护下采用雾化工艺制备的球形粉末(图 3 - 1)，平均粒径约为 50 μm，具有良好的流动性，适用于 SLM 成型工艺。其化学组分见表 3 - 1。

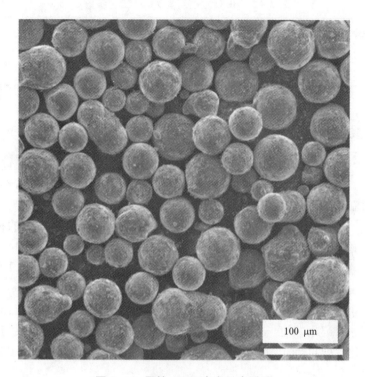

图 3 – 1　原始 ZK60 合金粉末形貌

表 3 – 1　原始 ZK60 合金粉末化学组分

元素	Mg	Zn	Zr	Fe	Mn	Ni	Si	Cu	Al
比例/%（质量）	94.46	5.19	0.33	0.0035	0.0055	0.0030	0.0007	0.0010	0.0006

　　经过一系列的预实验，得到了四组相对优化的 SLM 成型工艺参数，见表 3 – 2。同时，利用公式（3 – 1）来定义单位体积激光能量密度（E_v）：

$$E_v = P/SHv \tag{3 – 1}$$

　　式中，P 为激光功率，S 为扫描间距，H 为铺粉厚度，v 为扫描速率。通过调控激光扫描速率，从而改变激光能量密度，以此来研究不同激光能量密度对 ZK60 试样成型质量的影响。根据计算，四个不同的激光能量密度，分别为 420 J/mm³、500 J/mm³、600 J/mm³ 和 750 J/mm³ 被用于激光快速成型制备 ZK60 试样，试样外形尺寸为 $6 \times 6 \times 6$（mm³）。

表 3 – 2　SLM 成型制备 ZK60 工艺参数

激光功率/W	扫描速率/(mm·min^{-1})	扫描间距/mm	铺粉厚度/mm
50	400, 500, 600, 700	0.08	0.1

3.1.2　成型质量

对于 SLM 成型制备的镁合金制件, 致密度直接决定了其耐腐蚀性能和力学性能。为此, 本节从表面特征和横截面特征两个方面去评估不同激光能量密度制备 ZK60 试样的致密度。利用场发射电镜(JEM – 2100F, JEO Ltd., Japan)观察试样的表面特征。同时利用线切割机获得试样的横截面, 并进行研磨、抛光处理, 然后通过测量试样横截面中孔隙面积的百分比来分析试样的致密度。具体过程是在样品横截面上用光学显微镜(DM4700, Leica, Germany)拍摄四个随机位置的光学照片。然后利用 Image – Pro Plus 6.0 软件将光学照片转换成灰度模式, 并使用软件的分割功能选择合适的灰度阈值, 标记出灰度与孔隙相同的区域。最后统计出标记区域与整个照片的面积比, 即可确定孔隙面积占整个照片的百分比。每个试样测量 4 次后取均值。

SLM 制备 ZK60 试样的典型表面形貌如图 3 – 2 所示, 可见不同激光能量密度下获得的表面形貌存在明显差异。试样相应横截面特征和计算出的致密度如图 3 – 3 所示。在激光能量密度为 420 J/mm^3 时, 所获得 ZK60 试样表面出现了明显山丘状的隆起与低伏, 且能够观察到一些开孔结构 [图 3 – 2(a)]。对应的横截面上出现了一些不规则的孔隙, 这导致其致密度仅为 72.8%。随着激光能量密度增加到 500 J/mm^3, 所获得 ZK60 试样表面的开孔明显减少 [图 3 – 2(b)]。相应横截面上的孔隙也有所减少, 同时其致密度增加到 88.6%。在激光能量密度提高到 600 J/mm^3 的情况下, 获得了没有明显开孔的光滑和连续的表面 [图 3 – 2(c)], 其横截面上没有明显的孔隙出现, 所获得试样的致密度为 97.4%。然而, 当激光能量密度进一步提高到 750 J/mm^3 时, 试样表面和横截面出现了一些细小的裂纹 [图 3 – 2(d)], 同时其密度降低到 94.5%。

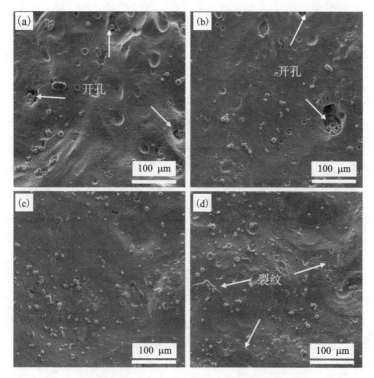

图 3 - 2　在不同激光能量密度下 SLM 成型 ZK60 试样的表面形貌

(a) 420 J/mm³；(b) 500 J/mm³；(c) 600 J/mm³；(d) 750 J/mm³

分析认为，在高扫描速率和伴随而来的低激光能量密度作用下形成的表面开孔结构及低致密度与 SLM 过程中的熔池动态黏度密切相关。动态黏度(μ)由公式(3 - 2)确定：

$$\mu = \frac{16}{15}\sqrt{\frac{m}{kT}}\lambda \tag{3 - 2}$$

式中 m 是原子质量，T 是液池温度，k 是玻尔兹曼常数，λ 是表面张力。在激光能量密度相对较低时，激光束提供能量不足，熔池温度相对较低。由式(3 - 2)可知，低的熔池温度会导致相对高的熔池动态黏度，这在一定程度加大了熔池内部液相流动的阻力，使得液相流动不充分，从而容易形成不平整且具有开孔结构的表面形貌。同时，这种不平整的表面严重阻碍了新粉末层在之前沉积层上的均匀铺开。在这种情况下，激光熔化不均匀的粉末层，熔池的稳定前移会受到相当大的干扰。新形成的液相难以完全填充底下沉积层表面的开孔，导致层与层之间出现了大量孔隙，从而大大降低了 SLM 制件的致密度。

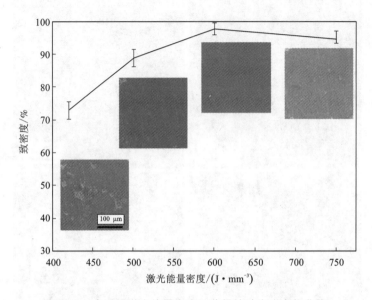

图3-3 在不同激光能量密度下获得的致密度变化曲线

随着激光能量密度逐渐增加到 600 J/mm³，获得最大致密度 97.4%；插图为不同
激光能量密度下横截面扫描电镜图

另一方面，在低扫描速率和伴随而来的高激光能量密度作用下形成的微裂
纹主要与累积的残余热应力密切相关。在 SLM 成型过程中，镁合金粉末吸收
能量后熔化形成液相熔池，随后经历快速的冷却。一旦冷却开始，热变形，也
就是热收缩也随即发生。SLM 过程中金属沉积层热收缩行为的相关研究表明，
随着激光功率增加或扫描速度减小，熔池四周获得热量累积，温度梯度大幅降
低，从而降低冷却速率，导致热变形程度加大。因此，在相对较高的激光能量
密度的条件下，经历快速凝固的沉积层中产生了相对较高的热应力。而且，这
种热应力被先前的沉积层所抑制而不能及时被释放，从而实现层层累积。当累
积热应力超过一定程度时，制件就发生翘曲变形，从而在表面出现一些热裂纹
（图 3-2d）。相关研究表明，在激光快速成型过程中添加预热温度场后，可以
降低冷却过程中熔池温度梯度，从而抑制热应力的产生。然而，这也会导致晶
粒结构的粗化，影响其综合性能。

3.1.3 晶体结构

为了研究 SLM 成型 ZK60 试样内部的晶体结构，将试样的表面进行研磨、
抛光处理，然后采用自制的苦味酸溶液将试样抛光后的表面腐蚀。腐蚀时间为

15 s，随后立即用无水乙醇溶液冲洗并吹干，然后利用光学金相显微镜（DM4700，LEICA，Genmany）观测其金相结构，结果如图 3 - 4 所示。同时，采用截距法来分析 ZK60 试样中晶粒的平均尺寸，计算过程见公式（3 - 3）：

$$d = L/MP \qquad (3-3)$$

式中，d 为晶粒尺寸，L 为截距长度，M 为放大倍数，P 为截线穿过晶粒个数。在激光能量密度为 420 J/mm^3 情况下，可观察到极细的树枝状晶团簇在镁基体中，晶粒尺寸大小约为 2.2 μm［图 3 - 4（a）］。随着激光能量密度增加到 500 J/mm^3，细小树枝晶转变成为柱状晶［图 3 - 4（b）］，同时晶粒尺寸被粗化到 3.8 μm 左右。而在激光能量密度为 600 J/mm^3 时，基体中出现了均匀有序分布的等轴晶粒，晶粒尺寸约为 5.6 μm［图 3 - 4（c）］。随着激光能量密度进一步加大到 750 J/mm^3，形成了进一步粗化的等轴晶粒，其平均晶粒尺寸达到 7.8 μm［图 3 - 4（d）］。很显然，随着激光能量密度的增加，晶粒尺寸逐渐变大。

本研究是在高能量激光作用下实现 ZK60 金属粉末的完全熔化以及随后的快速冷却，熔池内部的热量累积和冷却过程中温度梯度的分布将直接决定晶体结构的生长机制。一般认为，枝晶结构是通过 α - Mg 的异质形核和随后的枝晶生长而形成。枝晶尖端温度 T_t 可由 Gibbs - Thomson 方程式（3 - 4）确定：

$$T_t = T_M + e\,C_{Li} - \frac{R\,T_M^2}{\Delta H_f} \times \frac{V_t}{V_0} \qquad (3-4)$$

式中 T_M 是熔点，e 是液体斜率，C_{Li} 是界面处的液体溶质含量，R 是气体常数，ΔH_f 是潜热，V_t 是枝晶尖端的生长速率，V_0 是动力学常数。V_t 与 v 之间的关系可通过公式（3 - 5）表达：

$$V_t = v\cos\theta \qquad (3-5)$$

式中 θ 是矢量 V_t 和 v 之间的角度。根据公式（3 - 4）和式（3 - 5）可知，在相对较高的扫描速率导致树枝状晶体形核率较高。因此，在较高扫描速率 700 mm/min 和 600 mm/min 的条件下形成了枝晶。

通过 α - Mg 的均匀形核以及随后的等轴生长能够获得等轴晶体结构。在相对较低扫描速率的情况下，激光束作用在熔池上的时间相对延长，所获得激光能量增加，液池内部的散热受到一定限制。在这种情况下，由热积聚引起的热力学势能导致凝固过程中液池各方向的冷却速率大致相当，从而实现晶粒的等速率外延生长。因此，在 500 mm/min 和 400 mm/min 的低扫描速率条件下获得了等轴晶［图 3 - 4（c）和图 3 - 4（d）］。然而，过低的扫描速率导致冷却时间过度延长，从而为晶粒的外延生长提供了更强的动力，所以在 400 mm/min 条件下获得了粗大的等轴晶。

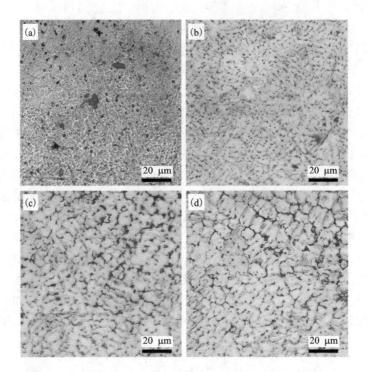

图 3 - 4　在不同激光能量密度下 SLM 制备 ZK60 的微观组织

随着能量密度增大，晶体结构由细小的树枝晶向粗大的等轴晶转变

3.1.4　物相组成

为了分析 SLM 制备 ZK60 试样的物相组成，利用 X 射线衍射仪（D8 ADVANCE，Bruker AXS Inc.，Germany）在 $2\theta = 25° \sim 85°$ 范围内进行 X 射线衍射扫描。扫描过程中采用 CuKα 辐射，管电压为 40 kV，管电流为 40 mA，扫描速率为 8°/min，所获得衍射图谱如图 3 - 5(a) 所示。将 XRD 图谱与粉末衍射标准联合委员会数据库的标准卡片进行对比，可知 SLM 制备 ZK60 主要由 $\alpha - Mg$ 和 Mg_7Zn_3 两种物相组成。大量文献表明，ZK60 中合金元素 Zn 通常以 MgZn 相析出，然而本研究中并未检测到该物相。基于 Mg - Zn 二元相图，Mg_7Zn_3 相属于高温非平衡相，在冷却过程中，Mg_7Zn_3 容易发生分解：

$$Mg_7Zn_3 \longrightarrow \alpha Mg + MgZn \tag{3-6}$$

分析认为，在 SLM 成型过程中，极高的冷却速率使得在高温条件下形成的 Mg_7Zn_3 高温相来不及分解，从而保留在镁基体中。

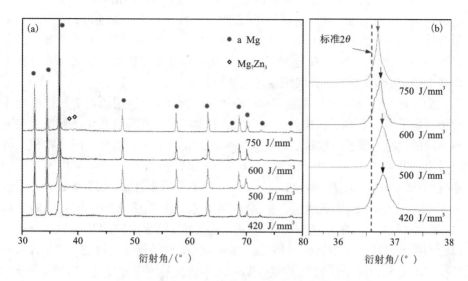

图 3 - 5(a)SLM 制备 ZK60 的 X 射线衍射图谱

(b)2θ 为 35.5°～38°范围内特征峰,随着能量密度增大,主峰往左侧偏移

表 3 - 3　α - Mg 的主要特征峰位置

激光能量密度/(J·mm⁻³)	420	500	600	750
2θ 位置/(°)	36.788	36.762	36.736	36.692

为了深入分析 SLM 制备 ZK60 试样的物相特性,在 2θ = 35°～38°范围内采用慢扫描速率 1 °/min 获得了更精确的衍射图谱,如图 3 - 5(b)所示。与标准 α - Mg 的主要特征峰位置(36.618°)相比,SLM 制备 ZK60 中 α - Mg 的主要特征峰位置(2θ)明显向更高方向偏移,具体特征峰位置详见表 3 - 3。根据布拉格方程,特征峰位置与晶面间距和波长密切相关,其关系见公式(3 - 7):

$$2d \times \sin\theta = n\lambda (n = 1, 2, 3, \cdots) \tag{3-7}$$

式中 d 是相邻晶面间距,λ 是波长。由式(3 - 7)可知,2θ 加大,也就是特征峰往高位偏移,表明相邻晶格面间距减小。分析认为,这种晶面间距的减少是由于快速凝固导致 α - Mg 晶粒中固溶了大量 Zn 原子。固溶方式主要有两种,一是间隙固溶,二是置换固溶。Zn 原子体积与 Mg 原子体积大小相差不大,所以 Zn 主要以置换固溶形式固溶在 α - Mg 晶格中。然而,Zn 原子半径(0.1187 nm)比 Mg 原子半径(0.1333 nm)更小,这种原子体积的差异导致 Zn

置换固溶在 Mg 晶粒后引起 Mg 晶格发生畸变,使得 Mg 晶格的面间距减小。因此,X 射线检测的 α - Mg 特征峰位置发生了正移。值得注意的是,随着激光能量密度的增加,衍射峰的位置偏移程度逐渐减小。在相对较低的激光能量密度 420 J/mm³ 条件下,2θ 位置为 36.788°,而随着激光能量密度的提高,2θ 位置逐渐降低到 36.692°,即晶面间距在逐渐减小。

为了进一步分析 SLM 制备 ZK60 的微观结构特征,利用场发射扫描电镜在背散射电子模式下观察试样的微观组织。背散射电子成像过程中不同的元素呈现不同的衬度,原子序数越高,成像越明亮,所以常用于区别不同的物相。可以看出,明亮的析出相均匀分布在晶粒周围[图 3 - 6(a)]。同时采用 X 射线能谱仪(JSM - 5910LV, JEOL Ltd., Japan)分析了其元素组成,结果如图 3 - 6(e)和 3 - 7(f)所示。结果表明第二相富含 Zn 元素,达到 18.7 %(质量),而镁基体(灰色区域)只含有 4.76 %(质量)的 Zn 元素。结合之前的 X 射线分析,可以合理推断出镁基体中的析出相主要为 Mg_7Zn_3,而镁基体为过饱和固溶体 α - Mg。此外,利用能谱仪研究了 Mg 和 Zn 元素在镁基体中的分布,结果如图 3 - 6(b)和 3 - 6(c)所示。可见 Zn 元素均匀分布在镁基体中。Mg - Zn 二元相图表明,室温条件下 Zn 在 Mg 中的固溶度小于 1 %(质量)。然而上述分析表明在激光快速凝固的条件下,大量的 Zn 固溶在 α - Mg 中形成了过饱和固溶体。

实际上,在 SLM 成型过程中,液池内部产生了非常高的温度梯度,这有助于形成强大的马兰戈尼对流,从而促进液相熔池中 Zn 元素的均匀分布。随后,固体/液体界面以极高的速率快速推进。相关研究表明,快速生长的固液界面有助于增强 SLM 形成熔池内部的溶质捕获效应。溶质捕获效应与溶质分配系数 k_v 有关,而 k_v 可根据公式(3 - 8)确定:

$$k_v = \frac{k_e + R_i/V_d}{1 + R_i/V_d} \qquad\qquad (3 - 8)$$

式中 k_e 是平衡偏析系数,V_d 是固/液界面处溶质原子的扩散速率,R_i 是界面生长速率。在本研究中,极高的扫描速率和熔池无界面传热导致极快的界面生长速率。根据式(3 - 8)可知,在这种情况下溶质分配系数远大于平衡偏析系数,即大量的 Zn 原子固溶在 α - Mg 中而没有偏析,扩展了 Zn 在 α - Mg 中的极限固溶。当界面生长速率远远大于原子扩散速率时,溶质分配平衡分配系数趋近于 1,即实现溶质的完全捕获,形成单相固溶体。利用能谱仪检测不同激光能量密度下 α - Mg 中固溶 Zn 含量见表 3 - 4。可知随着激光能量密度从 420 J/mm³ 增加到 750 J/mm³,固溶在 α - Mg 中的 Zn 含量从 5.42 %(质量)逐渐减少到 4.39 %(质量)。显然,随着激光能量密度的增加,熔池累积热量增加而难以散开,导致冷却速率下降,即界面生长速率 R_i 下降,最终导致溶质分配系数逐渐减小。因此,在高能量密度条件下 α -

Mg 晶粒捕获的 Zn 原子较少，从而减少了 2θ 位置的偏移程度。

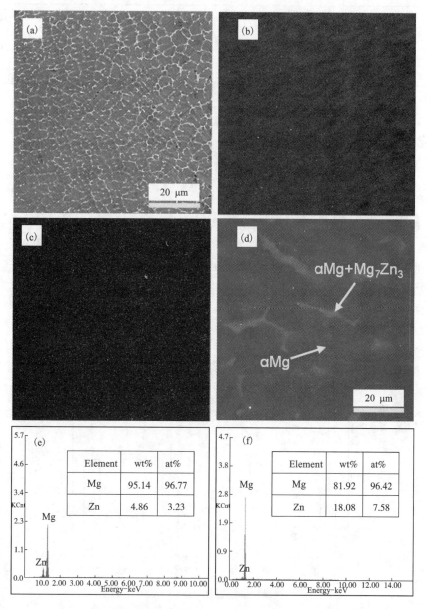

图 3 – 6 （a）利用扫描电镜观测 600 J/mm³ 条件下制备 ZK60 试样的微观组织；（b）Mg 元素和（c）Zn 元素在镁基体中的分布；（d）扫描电镜高倍图；（e）和（f）分别对应（d）中灰色区域和明亮区域的能谱分析结果

表3-4 SLM 制备 ZK60 中 α - Mg 晶粒的化学组分

激光能量密度/(J·mm^{-3})	420	500	600	750
Mg %（质量）	94.58	94.87	95.14	95.61
Zn %（质量）	5.42	5.13	4.86	4.39

3.2 力学及耐腐蚀性能分析

3.2.1 力学性能

为了查明激光能量密度对 SLM 制备 ZK60 试样力学性能的影响，分别采用压痕试验和压缩试验测试了试样的压缩强度和显微硬度。将实验结果表示为平均值±标准偏差的形式，并采用双侧 Student's t - tests 对实验数据进行统计学分析。同时定义 $p < 0.05$ 时，两组数据存在着显著性差异，分析结果如图 3 - 7 所示。

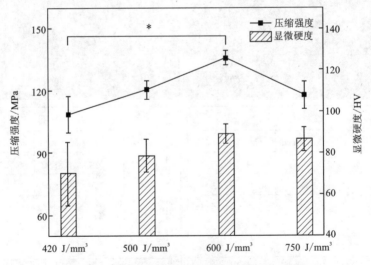

图 3 - 7 不同激光能量密度下获得 ZK60 的力学性能

$n = 5$，$* p < 0.05$

可以看出随着激光能量密度的增加，所制备 ZK60 试样的压缩强度先增加后减小。在激光能量密度 420 J/mm^3 条件下，所制备 ZK60 的压缩强度为

（108.6 ± 8.8）MPa，当激光能量密度逐渐提高到 500 J/mm³ 和 600 J/mm³，压缩强度也逐渐增加到（120.4 ± 4.6）MPa 和（135.5 ± 3.4）MPa。而当激光能量密度进一步增加到 750 J/mm³，压缩强度反而降低到（117.6 ± 6.3）MPa。统计学分析表明，420 J/mm³ 制备试样和 600 J/mm³ 制备试样之间存在显著性差异（ *p < 0.05）。显微硬度也存在相似的变化规律，600 J/mm³ 制备试样的显微硬度为（89.2 ± 4.6）HV，显著高于 420 J/mm³ 成型试样[（70.1 ± 15.3）HV]，500 J/mm³ 成型试样[（78.6 ± 7.8）HV] 和 720 J/mm³ 成型试样[（86.5 ± 5.8）HV]。显然，致密度是影响 SLM 成型试样力学性能的主要因素。600 J/mm³ 制备 ZK60 试样致密度最高，因此具有最优的压缩强度和显微硬度。极具意义的是，与铸造成型 ZK60（压缩强度 110 MPa、硬度 80 HV）相比，SLM 在优选工艺下制备的 ZK60 表现出更高的压缩强度和显微硬度。分析认为，SLM 成型过程中快速凝固抑制了晶粒的长大，因此通过细晶强化增强了镁基体的力学性能。

3.2.2   耐腐蚀性能

利用浸泡实验分析 SLM 成型 ZK60 试样的耐腐蚀性能，浸泡液为自行配制的 Hank's 溶液，其化学组分见表 3 - 5。由于镁合金的腐蚀伴随着氢气的释放，因此可以通过收集腐蚀产生的氢气来评估其腐蚀速率。为了精确测量浸泡期间试样释放的氢气体积，利用烧杯和量筒自行搭建了一个简易的氢气收集装置，如图 3 - 8 所示。实验过程中始终控制水浴箱温度为 37℃。

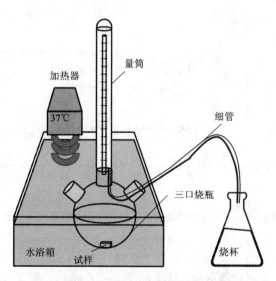

图 3 - 8   自行搭建氢气收集装置示意图

表 3 − 5　　Hank's 溶液化学组分

组分	NaCl	KCl	MgSO$_4$	CaCl$_2$	Na$_2$HPO$_4$	KH$_2$PO$_4$	葡萄糖	酚红
浓度/(mol·L^{-1})	0.1369	0.0054	0.0008	0.0013	0.0003	0.0004	0.0050	0.0071

　　SLM 制备 ZK60 试样浸泡在 Hank's 溶液中的氢气释放速率如图 3 − 9 所示。可以看出,不同激光能量密度制备 ZK60 试样在浸泡期间的氢气释放速率具有相似的规律。具体而言,在浸泡初的 48 h 内,氢气的释放速率相对较快,之后氢气释放速率逐渐减慢并趋向平稳。需要指出的是,随着激光能量密度的增加,试样在浸泡期间的平均氢气释放速率先减少后增加。420 J/mm^3 制备 ZK60 试样的平均氢气释放速率为 0.019 mL·cm^{-2}·h^{-1},而 500 J/mm^3 制备 ZK60 试样的平均氢气释放速率减小到 0.016 mL·cm^{-2}·h^{-1}。随着激光能量密度进一步增加到 600 J/mm^3,平均氢气释放速率进一步减小到 0.006 mL·cm^{-2}·h^{-1}。然而,当激光能量继续增加到 720 J/mm^3,平均氢气释放速率反而增加到 0.012 mL·cm^{-2}·h^{-1}。

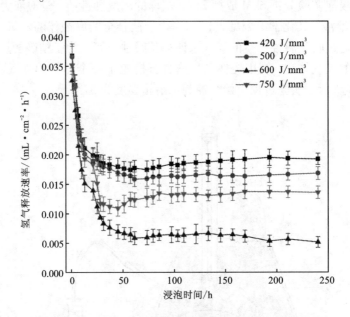

图 3 − 9　　不同激光能量密度下获得 ZK60 的氢气释放速率

　　浸泡 2 d 后,从 Hank's 溶液中取出试样,待其干燥后对表面进行喷金处理,再利用扫描电镜观察表面形貌,结果如图 3 − 10 所示。对于 420 J/mm^3 成型试样,一层厚厚的腐蚀产物覆盖在镁基体表面,这表明其在浸泡期间经历了严重的腐蚀，同时表面可见许多不规则的裂纹。相关文献表明，在干燥过程中或扫描电镜真空环境中的脱水导致腐蚀产物层开裂而形成了裂纹。对于 500 J/mm³ 成型试样，表面的腐蚀产物层相对变浅，说明其在浸泡期间经历的腐蚀程度有所减轻。值得注意的是，对于 600 J/mm³ 试样，其表面保持了完整和致密的腐蚀产物膜，表明其在浸泡周期内经历了相对轻微的腐蚀。至于 750 J/mm³ 制备试样，其表面局部区域覆盖了相对较厚的腐蚀产物，表明其经历了非均匀的腐蚀。利用 X 射线能谱仪分析腐蚀产物的元素组成，结果如图 3 - 11 所示。可见腐蚀产物含有 38.06 %（质量）Mg，42.45 %（质量）O，6.14 %（质量）C，证实其主要由氢氧化镁组成，同时还检测到极少量的 Ca，说明可能有少量 HA 沉积在表面。

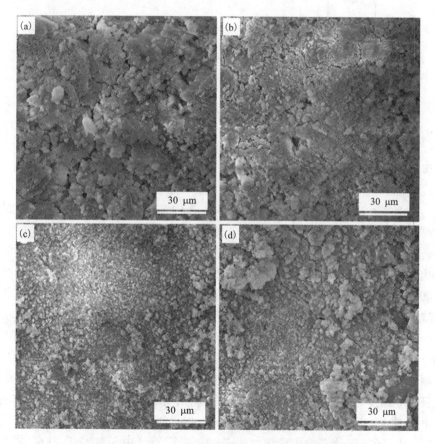

图 3 - 10　SLM 成型 ZK60 浸泡 48 h 后表面形貌

(a)420 J/mm³；(b)500 J/mm³；(c)600 J/mm³；(d)750 J/mm³

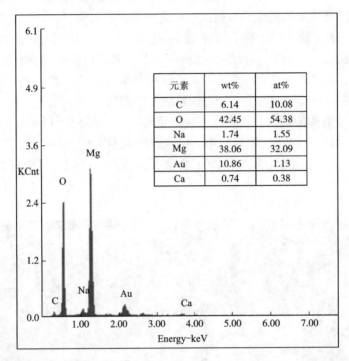

元素	wt%	at%
C	6.14	10.08
O	42.45	54.38
Na	1.74	1.55
Mg	38.06	32.09
Au	10.86	1.13
Ca	0.74	0.38

图 3 – 11   600 J/mm³ 制备 ZK60 试样浸泡 48 h 后表面腐蚀产物 X 射线能谱分析结果

浸泡实验中氢气释放速率和腐蚀后形貌均表明 600 J/mm³ 制备 ZK60 试样的腐蚀速度最慢,具有最好的耐腐蚀性能。据其原因,600 J/mm³ 试样的致密度最高,在腐蚀液中暴露的面积最少,所以腐蚀速率最慢。此外,本书还利用电化学测试来研究镁合金的耐腐蚀性能。选用具有最优耐腐蚀性能试样(600 J/mm³)进行电化学测试,同时将商用铸造 ZK60 作为对照组。在电化学测试前,将样品的一端连上导线,然后利用环氧树脂封涂制成电极。对电极工作面进行研磨、抛光处理,并用无水乙醇清洗后再进行电化学测试。所用电化学分析仪为上海辰华仪器有限公司的 CHI660D 型电化学工作站,其采用三电极测试体系,大面积铂片为辅助电极,饱和甘汞电极为参比电极,试样为工作电极,电解质为模拟体液,温度为 37℃。利用动电位极化扫描法获得试样的腐蚀电流密度,控制扫描速度为 0.5 mV/min,电压扫描范围为 – 1.3 V 到 – 2.4 V,所获得动态极化曲线如图 3 – 12 所示。可知 SLM 成型 ZK60 的腐蚀电位要高于铸造 ZK60,具有更好的电化学惰性。基于塔菲尔外推法得出 SLM 成型 ZK60 的腐蚀电流为 21.86 μA/cm²,而铸造 ZK60 的腐蚀电流为 52.48

$\mu A/cm^2$。电化学测试中腐蚀电流(i)与腐蚀速率(C)的关系为：

$$C = 22.85 \cdot i \qquad\qquad (3-9)$$

公式(3-9)表明腐蚀速率与腐蚀电流成线性关系，且腐蚀电流越大，腐蚀速率越快。计算可知 SLM 成型 ZK60 试样相比铸造成型 ZK60 腐蚀速率减小了 58.3%，具有更好的耐腐蚀性能。

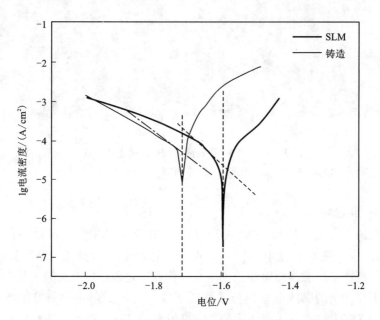

图 3 - 12　SLM 和铸造 ZK60 试样在模拟体液中的动态极化曲线

3.2.3　SLM 对耐腐蚀性能的增强机制

图 3 - 13 对比了不同工艺制备 ZK60 的微观组织，可见相比铸造 ZK60，SLM 制备 ZK60 的晶粒尺寸更小，析出的第二相更少、分布也更均匀。在 SLM 过程中，极高的冷却速率抑制了镁晶粒的生长，得到了微米级的晶粒，同时扩大了合金元素 Zn 在镁基体中的固溶，减少了第二相的析出。而在铸造过程中，冷却速度较慢，晶粒缓慢生长到了数百微米，同时造成合金元素以第二相形式偏析。因此，本节从晶粒细化和扩展合金元素固溶两个方面来分析 SLM 工艺对镁合金耐腐蚀性能的增强机制。

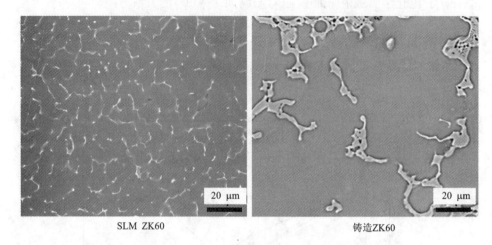

SLM ZK60   铸造ZK60

图 3 – 13   SLM 和铸造 ZK60 显微组织对比

SLM 制备 ZK60 晶粒更细小，第二相体积分数更少，且分布更均匀

（1）细化晶粒

晶粒的平均尺寸越小，晶界密度越大。在镁基体中，晶界是一种晶体缺陷，被认为能够有效拦截电子转移。从这点上来讲，平均的拦截距离越小，越有利于提高镁基体表面对腐蚀液的电化学惰性。之前已经有研究人员对不同晶粒尺寸下镁合金的腐蚀电流进行了相关研究。比如，Orlov 等研究了等角度挤压工艺对 ZK60 耐腐蚀性能的影响，结果发现当 ZK60 的平均晶粒尺寸从开始的 $100~\mu m$ 被细化到数微米后，其腐蚀电流从开始的 $43~\mu A$ 减小到 $20~\mu A$。Zhang 等也利用电化学试验在 3.5% NaCl 溶液中分别测试了铸造和快速凝固制备的 Mg – 6Zn – Mn 合金，结果表明快速凝固制备的镁合金具有更小的腐蚀电流和更高的腐蚀电位，这也证实了细晶镁合金具有更高的电化学惰性。

细化晶粒尺寸有利于形成更具保护性的表面氧化膜，从而提高镁基体的耐腐蚀性能。相关研究表明，镁合金腐蚀后形成的表面腐蚀产物膜由外部的 $Mg(OH)_2$ 层和内部薄薄的 MgO 层组成。外部的 $Mg(OH)_2$ 在 Cl 离子的攻击下会形成可以溶解的 $MgCl_2$，难以提供有效的保护作用。而 MgO 基本单元的摩尔体积与 Mg 金属的摩尔体积之比为 0.84。因此，当 MgO 形成时，氧化层和镁金属基体之间的自由体积失配会造成氧化物层出现拉应力，导致 MgO 层出现裂纹。分析认为，SLM 快速凝固形成的细晶组织具有更高密度的晶界，可以通过密集且均匀的晶界空隙减轻这种由于晶胞体积不匹配产生的拉应力，从而降低表面 MgO 层开裂的程度。因此，细晶镁合金表面形成的氧化层能够提供更高的表面覆盖率，从而更有效地阻止腐蚀液的入侵。

（2）扩大合金元素固溶

在SLM成型镁合金过程中，极高的冷却速率形成溶质捕获效应，从而扩展了合金元素在镁基体中的固溶体。一般认为，固溶的合金元素有可能在镁基体表面形成一层氧化膜，促进更具保护性并有"自愈"能力的氧化膜的形成，从而显著提高其耐蚀性能。例如更均匀的Al溶质分布能够促进表面致密氧化铝的形成。在本书中，均匀固溶的Zn原子会在镁基体表面形成氧化锌。值得注意的是，氧化锌与锌原子的体积比为1.59。因此，大量固溶在镁基体中的Zn在氧化后形成的氧化锌能够提高镁基体表面氧化膜的致密度，从而延缓镁基体的腐蚀。

大量合金元素的固溶会导致镁基体中析出金属间相的体积分数减少。一般而言，金属间相比镁基体具有更高的自腐蚀电位。因此，金属间相与周围相邻的镁基体会因这种电位差而形成局部微电池，导致镁基体发生快速腐蚀。从这点上讲，快速凝固减少第二相的形成，可以有效减轻局部电偶腐蚀的发生。事实上，尽管溶质捕获效应能够获得过饱和固溶体，依然有一部分合金元素以第二相形式析出在晶界。对于铸造镁合金，其析出的金属间相粗大且不均匀，如图3-13所示。粗大偏析的第二相会导致基体中出现严重的局部腐蚀，造成镁基体在腐蚀过程中快速瓦解。对于SLM成型镁合金，均匀分布的第二相和α-Mg晶粒形成微电池，而无数的微电池导致镁基体展现出宏观均匀的腐蚀特性。因此，均匀分布的金属间相微结构也有助于改善镁合金的耐腐蚀性能。

3.3　本章小结

本章节利用所开发SLM系统制备ZK60，研究在不同激光能量密度下ZK60微观结构的演变，查明了激光能量密度对力学性能和耐腐蚀性能的影响规律，揭示了快速凝固对镁合金耐腐蚀性能的改善机制。主要结论包括：

（1）SLM制备ZK60的成型质量与激光能量密度密切相关。在快扫描速率700 mm/min时，激光能量密度相对较低，导致熔池内液相动态黏度过高限制了液相的充分流动，从而出现孔隙；在较慢扫描速率400 mm/min时，激光能量密度相对较高，导致累积残余热应力过大而出现裂纹；在合适的激光能量密度下，SLM制备ZK60相对密度达到97.4%。

（2）随着激光能量密度从420 J/mm³逐渐提高到750 J/mm³，SLM制备ZK60的晶体结构经历了一连串的变化，从团簇状树枝晶转化为细小等轴晶，最终转化为粗大等轴晶。这是因为随着激光能量密度的增加，熔池热量累积，导致冷却速率减慢,从而改变了晶体的生长特性。而且,减慢的冷却速率抑制了溶质俘获效应,使得 Zn 元素在 Mg 基体中的固溶度随着激光能量密度增加而减少。

(3)在优选工艺下,SLM 制备 ZK60 试样的压缩强度为 135.5 ± 3.4 MPa、显微硬度为 89.2 HV,且腐蚀速率比常规工艺成型 ZK60 降低了 58.3%。这是因为 SLM 中的快速凝固抑制了晶粒的长大得到微米级晶粒,从而提高了基体表面氧化膜的致密度和稳定性;同时快速凝固引发的溶质俘获效应减少了第二相的析出,从而减轻了镁基中局部电偶腐蚀的发生。

第 4 章

Nd 合金化对力学性能和耐腐蚀性能的影响

虽然 SLM 成型过程中快速凝固能够扩展合金元素在镁基体中的固溶,但仍有部分合金元素以离散第二相的形式在晶界析出,导致局部发生电偶腐蚀,因此所制备生物镁合金骨植入物的腐蚀速率依然过快,不能满足骨修复的要求。合金化可以改变第二相的分布和表面膜的组成,是提高镁合金耐腐蚀性能的有效手段。为此,本章在 SLM 成型 ZK60 过程中引入合金元素 Nd,研究激光合金化对镁基体中微观结构的变化,重点分析不同 Nd 含量对第二相分布的影响规律,查明 Nd 合金化对 ZK60 力学性能和耐腐蚀性能的影响机制。

4.1　Nd 对微观结构的影响

4.1.1　SLM 成型制备

所用 Nd 粉末购买于上海乃欧纳米科技有限公司,为不规则形状粉末,平均颗粒尺寸为 20 μm 左右。利用电子天平称取一定量 Nd 粉末和 ZK60 粉末进行配比,然后利用行星式球磨机(DECO - PBM - V - 0.4L,德科仪器设备有限公司)进行球磨混合,球磨时间为 4 h,球磨转速为 300 r/min,球料比为 1∶10,同时采用高纯氩气保护。利用扫描电镜观察 ZK60 - Nd 混合粉末形貌,结果如图 4 - 1 所示,可见 Nd 粉末与 ZK60 粉末均匀混合在一起。

利用上述混合粉末在所开发的 SLM 系统上进行了 ZK60 - Nd 试样制备。在样品制备前,先进行了一系列的预实验,最终获得优选的加工参数,详细见表 4 - 1。实验过程中采用惰性气体氩气保护。所制备样品尺寸为 6 × 6 × 6

图 4 – 1 ZK60 和 Nd[5.4 %(质量)]混合粉末形貌和对应的 Mg、Nd、Zn 的元素分布

(mm³)。根据 Nd 含量的不同,所制备 ZK60 – Nd 样品分别被命名为 ZK60 –
1.8Nd, ZK60 – 3.6Nd 和 ZK60 – 5.4Nd,其名义上的化学组分见表 4 – 2。同
时,将 SLM 制备 ZK60 试样作为对照样。

表 4 – 1 SLM 成型 ZK60 – Nd 试样加工参数

功率/W	扫描速率/(mm · s⁻¹)	铺粉厚度/mm	扫描间距/mm
120	20	0.1	0.08

表 4 – 2 ZK60 – xNd(x = 1.8, 3.6, 5.4)试样名义化学组分

试样	组成/%(质量分数)			
	Mg	Zn	Zr	Nd
ZK60	余量	5.54	0.54	
ZK60 – 1.8Nd	余量	5.44	0.53	1.8
ZK60 – 3.6Nd	余量	5.34	0.52	3.6
ZK60 – 5.4Nd	余量	5.24	0.51	5.4

4.1.2　微观组织演变

为了研究 SLM 成型 ZK60 – xNd 试样的金相结构,先用砂纸对试样进行研磨、抛光处理,然后用酒精擦拭抛光后的试样表面。随后利用试管夹夹住棉花球沾取自制的苦味酸腐蚀剂在试样磨面上擦拭,抛光的磨面即逐渐失去光泽,待腐蚀 20 s 后马上用酒精冲洗,并用吹风机吹干试样磨面。利用光学显微镜(DM4700,Leica,Germany)对化学刻蚀后的试样表面进行观察,结果如图 4 – 2 所示。可以看出,所有试样都由细小的等轴晶组成,同时可见有金属间相在晶界处析出。具体来说,ZK60 中刻蚀出来的晶界相对较浅,析出的第二相较少。随着 Nd 含量增加到 3.6 %(质量),刻蚀揭露的晶界也越来越清晰,可以观察到完整的晶粒边界,晶粒大小均匀。当 Nd 含量进一步增加到 5.4 %(质量),刻蚀揭露的晶界相对变粗,且第二相出现偏析。

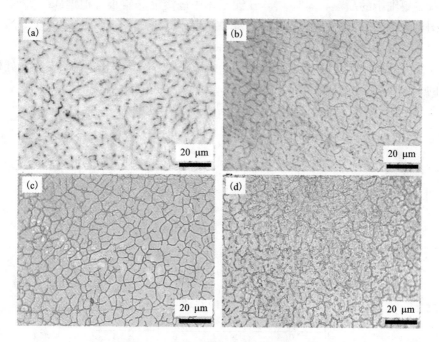

图 4 – 2　光学显微镜观察试样金相结构
(a)ZK60;(b)ZK60 – 1.8Nd;(c)ZK60 – 3.6Nd;(d)ZK60 – 5.4Nd

进一步观察试样的金相组织,还可以发现不同试样的平均晶粒尺寸也有显著差异。为了揭露 Nd 含量对平均晶粒尺寸的影响规律，采用线性截取法对试样的晶粒尺寸进行测量，每组试样测量 5 次，取其平均值，结果如图 4 - 3 所示。可见随着 Nd 含量的增加，平均晶粒尺寸逐渐减小。ZK60 的平均晶粒尺寸相对较大，为 6.45 μm。加入 1.8 %（质量）Nd 后，平均晶粒尺寸减小到 4.18 μm。随着 Nd 含量进一步增加到 3.6 %（质量）和 5.4 %（质量），平均晶粒尺寸分别进一步减小到 3.46 μm 和 2.98 μm。

上述结果表明，在 SLM 成型 ZK60 过程中引入合金元素 Nd 有利于得到更细小的晶粒。事实上，稀土金属 Nd 是一种表面活性元素，能够显著降低镁合金凝固过程中的固液界面张力。根据经典成核理论：

$$r^* = -2\frac{\sigma_{LS}}{\Delta G_m} \tag{4-1}$$

式中：r^* 是临界成核半径，σ_{LS} 为固液界面张力，ΔG_m 为凝固时的吉布斯自由能。式（4-1）表明，降低固液界面张力有利于降低结晶过程中的成核半径，即获得更细小的晶粒。同时，Nd 在镁基体中固溶度非常小。根据 Mg - Nd 二元相图可知，在 Mg 熔点附近（650℃）Nd 的溶解度为 3.6 %（质量），但在室温条件下 Nd 在镁中的溶解度小于 1 %（质量）。因此，过量的 Nd 将以第二相的形式在晶界处析出，因为它超过了 α - Mg 中极限固溶度。分析认为，在晶界处析出的金属间相可以有效打断晶粒的生长，从而进一步减小晶粒尺寸。因此，随着 Nd 含量的增加，ZK60 - xNd 的平均晶粒尺寸不断减小。

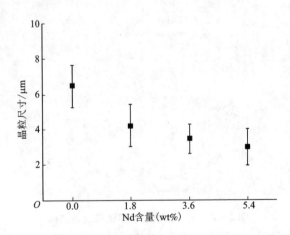

图 4 - 3   ZK60 - xNd 的平均晶粒尺寸与 Nd 含量之间的关系

随着 Nd 含量的增加，平均晶粒尺寸逐渐减小用扫描电镜(Quanta FEG250，FEI，USA)进一步分析 ZK60－xNd 试样的微观组织，结果如图 4－4 所示。在背散射电子模式下，富含高原子序数 Zn 元素和 Nd 元素的第二相会呈现出相对高的衬度，而镁基体呈现出相对低的衬度。因此，可辨认出明亮的区域为第二相，灰暗区域为镁基体。显然，ZK60 基体中形成了一些离散的类似岛状结构的第二相，均匀地分布在 α－Mg 晶界，如图 4－4(a)所示。添加 1.8 %(质量)的 Nd 后，在晶界处形成了具有细长枝状

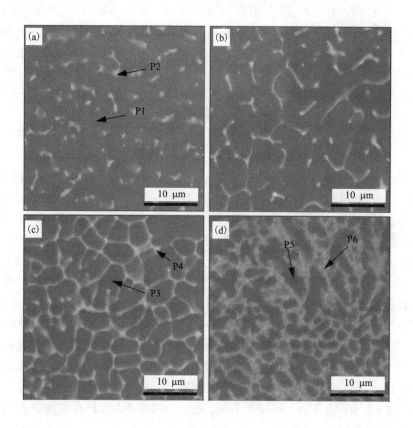

图 4－4　SLM 制备 ZK60－xNd 微观结构

(a)ZK60；(b)ZK60－1.8 Nd；(c)ZK60－3.6 Nd；(d)ZK60－5.4 Nd。随着 Nd 含量增加，析出相增多；在 ZK60－3.6 Nd 中，析出的金属间相呈现出蜂窝状结构，包裹住 α－Mg 晶粒

结构的第二相，而且第二相体积分数明显增多，导致部分第二相开始勾连在一起，如图4－4(b)。值得注意的是，随着 Nd 含量继续增加到3.6 %(质量)，第二相在晶粒边界连续均匀析出。这种连续分布的第二相呈现蜂窝状结构，完美

地包裹住了每一个 α - Mg 晶粒,如图 4 -4(c)所示。而当 Nd 含量进一步提高到 5.4 %(质量)时,镁基体中第二相的体积分数急剧提高,具体表现为晶界处析出的第二相结构显著粗化,并呈现出严重的偏析分布,如图 4 -4(d)所示。一般情况下,第二相的偏析会降低镁基体的力学性能和耐腐蚀性能。

利用 X 射线能谱(JSM - 5910LV, JOEL Ltd., Japan)定量分析不同 ZK60 - xNd 试样中 α - Mg 晶粒和析出第二相的化学组成,结果如图 4 -5所示。可见 ZK60 中的第二相富含 Zn 元素,而在 ZK60 - xNd[x = 1.8,3.6, 5.4 %(质量分数)]中形成的第二相富含 Zn 元素和 Nd 元素。同时,还有一部分 Nd 和 Zn 原子固溶在 α - Mg 基体中。需要注意的是,在 ZK60 -3.6Nd 中,第二相含有 14.58 %(质量)的 Nd 元素。而在 ZK60 - 5.4Nd 中,析出的第二相含有更高比例的 Nd[21.58 %(质量分数)],这种 Mg - Zn - Nd 之间原子质量比例的变化表明可能有新的物相生成。

4.1.3　物相组成

为了研究 SLM 成型 ZK60 - xNd 试样的物相组成,利用同步热分析仪(STA -200,南京大展机电技术研究所有限公司)进行了差示扫描量热分析。将 10 mg 的 ZK60 - xNd 试样放入陶瓷坩埚中,然后在高纯氩气保护下进行加热,升温速率为 10℃/min,温度扫描范围为 50 ~550℃,然后记录下 ZK60 - xNd 试样在升温过程中的热量变化曲线,结果如图 4 -6 所示。每组试样重复测试 3次。研究发现,在利用 ZK60 和 ZK60 -1.8Nd 获得的差热分析曲线中,吸热峰的位置分别出现在 340.4 ±2.4℃ 和 340.8 ±2.1℃。而在 ZK60 -3.6 Nd 的差热分析曲线中,吸热峰的位置出现在 482.4 ±3.1℃附近。众所周知,吸热峰的出现是由于某种物相由固体向液体转变而发生吸热反应,峰值温度对应其相变温度。因此,可合理推断出相比 ZK60 和 ZK60 -1.8 Nd, ZK60 -3.6 Nd 中有新的物相生成。而对于 ZK60 -5.4 Nd,所获得差热分析曲线中吸热峰向更高的位置 507.2 ±2.8℃偏移。上述结果表明,进一步提高 Nd 含量有可能导致物相的转变。

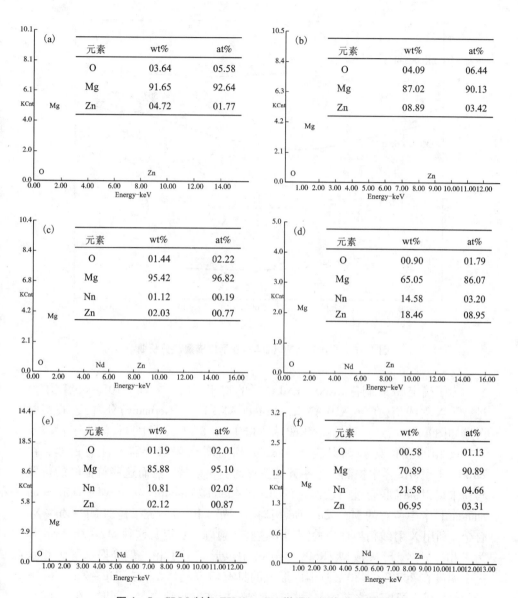

图 4 – 5 SLM 制备 ZK60 – xNd 微观组织能谱分析结果
图(a)(b)(c)(d)(e)(f)分别对应图 4 – 4 中 P1、P2、P3、P4、P5、P6

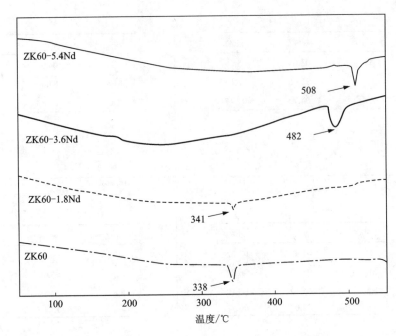

图4-6 ZK60-xNd试样的差示扫描量热分析曲线

为了确定 SLM 制备 ZK60-xNd 试样的物相组成,在 $2\theta=10°\sim85°$ 范围内进行了 X 射线衍射(D8 ADVANCE, Bruker AXS Inc., Germany)分析,获得衍射图谱如图4-7所示。可见在 ZK60 和 ZK60-1.8Nd 试样中只检测到了对应于 α-Mg 相的强衍射峰和对应于 Mg_7Zn_3 相的弱衍射峰。需要注意的是,在 ZK60-3.6Nd试样中检测到一些其他位置的弱衍射峰,然而这些特征峰的位置与粉末衍射标准联合委员会制定的 JCPDS(Joint Committee of Powder Diffraction Standard)卡中所有的 Mg-Zn-Nd 相均不匹配。Jie 等研究了铸造 Mg-Zn-Nd 合金,利用 X 射线衍射法也检测到了这些衍射峰,并定义这种 Mg-Zn-Nd 相为 T 相。显然,SLM 成型 ZK60-3.6Nd 中也形成了 T 相。魏等揭示了 T 相是一个温度在447℃~480℃范围内形成的具有斜方晶体结构的 Mg-Zn-Nd 三元相,其相变温度与之前的差示扫描量热分析结果非常吻合。同时,在 ZK60-5.4Nd 中检测到另一新的 W 相($Mg_3Nd_2Zn_3$),而对应于 T 相的衍射峰消失,这表明当 Nd 含量从3.6%(质量)提高到5.4%(质量)时,Nd 和 Zn 之间原子比例的增加导致了 T 相向 W 相的转变。

在 SLM 成型过程中,快速的冷却速率有效地扩展 Nd 元素在 α-Mg 基体中的固溶度。因此,在 ZK60-1.8Nd 中 Nd 主要固溶 α-Mg 中形成过饱和固溶体,所以只检测到 α – Mg 相和 Mg_7Zn_3 相。当 Nd 增加到 3.6%(质量)时,过量的 Nd 以 T 相形式沿 α – Mg 晶界连续析出。随着 Nd 进一步增加到 5.4%(质量)时,T 相转变为 W 相在镁基体中析出。结合之前的差示扫描量热分析曲线,W 相和 T 相不同的相变温度导致吸热峰的位置发生了偏移。

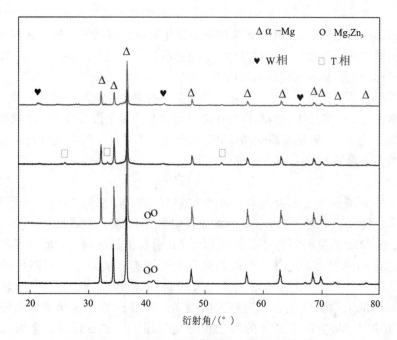

图 4 – 7　ZK60 – xNd 试样的 X 射线衍射图谱

4.2　Nd 对力学和耐腐蚀性能的改善

4.2.1　力学性能

镁合金骨植入物需要具有足够的力学强度来提供一定的力学结构支撑。为此,利用压缩试验和压痕试验在室温环境下测试了 SLM 成型 ZK60 – xNd 试样的压缩强度和显微硬度,结果如图 4 – 8 所示。可见 ZK60 – xNd 的压缩强度随着 Nd 含量的增加先增加后减小。ZK60 的压缩强度相对较低,仅有 138.3 ± 5.2 MPa。添加 1.8%(质量)Nd 后,压缩强度增加到 175.3 ± 6.8 MPa。进一步添加 Nd 含量到 3.6%(质量)后,压缩强度进一步增加到 183.4 ± 8.2 MPa。然而，随着 Nd 含量进一步增加至 5.4 %（质量），ZK60 - 5.4Nd 的压缩强度反而降低至 159 ±10.6 MPa。不同于压缩强度，ZK60 - xNd 的硬度随着 Nd 含量的增加而逐渐增加。ZK60 的显微硬度为 85.4 ±6.8 HV，而 ZK60 - 1.8Nd、ZK60 - 3.6Nd、K60 - 5.4Nd 的显微硬度分别提高到 97.2 ±9.6 HV，117.6 ±7.3 HV 和 124.8 ±16.6 HV。

　　力学测试结果表明，与 Nd 合金化后 ZK60 的压缩强度得到了显著的提高，这可以部分归功于引入 Nd 后带来的细晶强化效应。细晶强化的关键在于晶界对位错滑移的阻滞效应。在多晶体中，位错滑移一般先从晶界处进行，即发生晶界滑移。然而晶界两侧晶粒取向不一致，同时晶界处杂质原子较多，这都会加大晶界处的位错滑移阻力，导致一侧晶粒中的滑移带难以直接进入第二个晶粒。事实上，在多晶体中的晶界滑移需要同时激活多个滑移体系，这就导致位错不易穿过晶界，而是塞积在晶界处，从而提高了强度。压缩强度与晶粒尺寸之间的关系遵循 Hall - Petch 公式（4 - 2）：

$$\sigma = \sigma_0 + k\,d^{-0.5} \tag{4-2}$$

　　式中 σ 是强度，σ_0 是与移动单个位错有关的晶格摩擦应力，k 是常数，d 是晶粒尺寸。此外，部分 Nd 溶解于镁晶粒中形成了固溶强化效应。具体而言，α - Mg 晶粒固溶体中的溶质原子 Nd 引起了晶格畸变，增大了晶粒内部位错运动的阻力，使滑移难以在晶粒内部进行，从而导致固溶体的强度增加。此外，添加 Nd 后还形成了金属间相（T 相和 W 相），这些金属间相对镁基体的力学强度也有一定程度的提高。当细小的金属间相均匀分布于镁基体中时，将会产生显著的第二相强化作用，其主要原因是金属间相与镁晶粒之间的交互作用，阻碍了位错运动，提高了合金的变形抗力。然而，将 Nd 含量进一步提高至 5.4 %（质量）后，金属间相变得粗化，而且出现团聚和偏析，如图 4 - 4(d) 所示。在这种情况下，α - Mg 与相邻金属间相的界面结合力被大大减弱。在外力作用下，裂纹容易倾向于从粗大的金属间相和 α - Mg 之间的结合界面处扩展。同时，粗糙且偏析的第二相对镁基体的第二相强化效应将大打折扣。因此，ZK60 - 5.4Nd 的力学强度反而低于 ZK60 - 3.6Nd。压痕测试还表明，随着 Nd 含量的增加，ZK60 - xNd 的显微硬度逐渐增加。提高的显微硬度是也可归结为固溶强化效应和细晶强化效应。同时，析出的金属间相比镁基体具有更高的显微硬度，因此金属间相体积分数越高，镁基体的显微硬度越大。

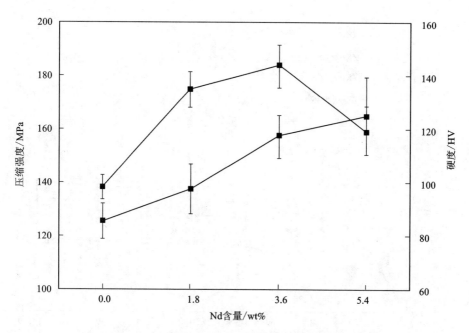

图 4 - 8　SLM 成型 ZK60 - _x_Nd 试样的压缩强度和显微硬度

_n_ = 5；ZK60 - 3.6Nd 具有最高的压缩强度

4.2.2　耐腐蚀性能

　　利用人体模拟体液浸泡实验评估 SLM 成型 ZK60 - _x_Nd 试样的耐腐蚀性能，浸泡前将模拟体液的 pH 调整到 7.4，在水浴箱中进行浸泡实验，保持水温恒定 37℃。浸泡期间利用 pH 计测量浸泡液 pH 的变化，结果如图 4 - 9 所示。显然，所有浸泡液的 pH 均在浸泡前 12 h 内迅速上升。随着时间延长到 40 h，pH 趋于稳定。最后，ZK60 - 3.6Nd 浸泡液的 pH 为 8.6，要低于 ZK60 浸泡液的 9.5，ZK60 - 1.8Nd 浸泡液的 9.3，以及 ZK60 - 5.4Nd 浸泡液的 12.2。同时，ZK60 - 3.6Nd 与 ZK60 两组浸泡液的 pH 存在显著性差异（ $*p < 0.05$ ），这表明 ZK60 - 3.6Nd 的腐蚀速率要显著低于 ZK60。

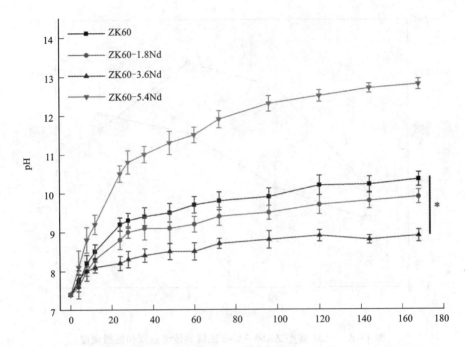

图 4 - 9   ZK60 - xNd 浸提液 pH 的变化曲线，$n = 3$，$* p < 0.05$

为了进一步分析 ZK60 - xNd 的腐蚀行为，将一组试样在浸泡 2 d 后从浸泡液中取出，待其在空气中干燥后利用喷金仪对试样腐蚀表面进行喷金 120 s，然后利用扫描电镜（JFC - 1600，JEOL，Ltd.，Japan）观察其表面形貌，结果如图 4 - 10 所示。可见所有试样表面均沉积了一层厚厚的腐蚀产物，它对镁基体起到一定的保护作用，减缓了镁基体在浸泡后期的腐蚀。其中 ZK60 展现出极其疏松多孔的表面特征，并带有许多裂纹。对于 ZK60 - 1.8Nd，表面的腐蚀产物层相对变浅，腐蚀产物膜上出现一些浅坑。而 ZK60 - 3.6Nd 试样的表面膜相对完整和平坦，说明其经历了相对均匀的腐蚀。对于 ZK60 - 5.4Nd 试样，表面腐蚀产物膜的局部位置被严重破坏，出现一些相对较深的腐蚀坑，这说明其经历了严重的局部腐蚀。此外，在高倍扫描电镜下观察发现添加 Nd 之后形成的腐蚀产物膜结构更致密，这表明可能有新的降解产物沉淀在表面并改变了表面膜的结构。

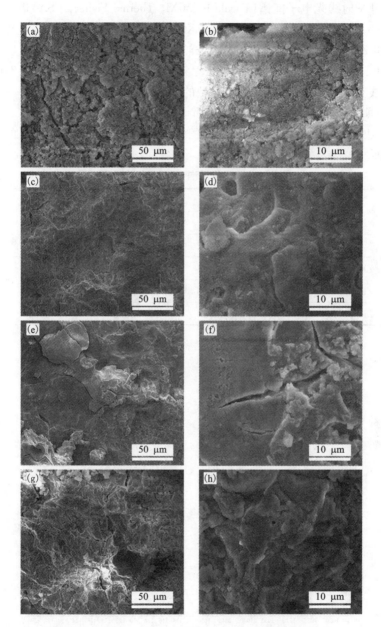

图 4 – 10　ZK60 – _x_Nd 在模拟体液中浸泡 2 d 后腐蚀形貌

(a)ZK60；(c)ZK60 – 1.8Nd；(e)ZK60 – 3.6Nd；(g)ZK60 – 5.4Nd；图(b)(d)(f)(h)
分别为图(a)(c)(e)(g)的高倍图

利用 X 射线光电子能谱(Escala b 250Xi, Thermo Fisher, USA)进一步分析 ZK60 – xNd 试样腐蚀表面膜的成分。ZK60 表面形成的腐蚀产物膜主要由 Mg, O 和少量 Zn 组成,而在 ZK60 – Nd 试样腐蚀产物中检测到少量 Nd, 所检测到的 Mg, O, Zn 和 Nd 的相对质量比如表 4 – 3 所示。其中,对 ZK60 – 3.6Nd 进行 X 射线光电子能谱分析得到的典型的 Mg1s, O1s 和 Zn2p 高分辨率图谱如图 4 – 11 所示。可知 ZK60 – 3.6Nd 表面形成的腐蚀产物由 Mg(OH)$_2$, MgO 和 Nd$_2$O$_3$ 组成。上述结果表明,镁基体中的 Nd 在腐蚀过程中会以 Nd$_2$O$_3$ 的形式沉淀在表面。

表 4 – 3　ZK60 – xNd 试样浸泡 2d 后腐蚀产物膜的化学组分

试样	组成/%(质量)			
	Mg	O	Zn	Nd
ZK60	62.02	37.54	0.44	
ZK60 – 1.8Nd	61.48	37.68	0.36	0.48
ZK60 – 3.6Nd	62.63	35.86	0.34	1.17
ZK60 – 5.4Nd	62.34	36.68	0.37	1.21

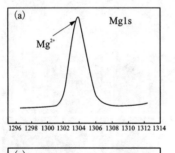
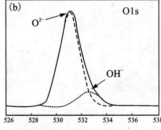
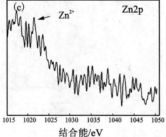
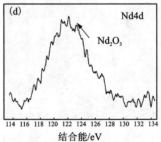

图 4 – 11　ZK60 – 3.6Nd 腐蚀产物 X 射线光电子能谱结果

(a)Mg1s; (b)O1s; (c)Zn2p; (d)Nd4d

利用质量损失法定量分析 ZK60 – xNd 试样的腐蚀速率,浸泡 7 d 后将试样从浸泡液中取出,然后利用铬酸洗液去除腐蚀产物,待其干燥后利用电子天平获得试样的质量损失。腐蚀速率通过公式(4 – 3)获得:

$$C = \frac{W}{D \cdot t \cdot A} \tag{4-3}$$

式中 C 是腐蚀速率(mm/a), W 是重量损失(g), D 是标准密度(g/cm^3), A 是暴露面积(mm^2), t 是浸泡时间(a),计算结果如表 4 – 4 所示。ZK60 的腐蚀速率 1.57 ± 0.21 mm/a,当 Nd 含量逐渐增加到 3.6 %(质量),腐蚀速率降低了 68.8%,达到 0.49 ± 0.14 mm/a。

表 4 – 4　ZK60 – xNd 试样腐蚀速率

试样	ZK60	ZK60 – 1.8Nd	ZK60 – 3.6Nd	ZK60 – 5.4Nd
腐蚀速率/(mm·a^{-1})	1.57 ± 0.21	1.24 ± 0.19	0.49 ± 0.14	2.68 ± 0.43

4.2.3　耐腐蚀性能改善机理

浸泡实验表明引入适量 Nd 后显著提高了 ZK60 的耐腐蚀性能。分析认为,其耐腐蚀性的提高与腐蚀产物膜的致密化有关。众所周知,镁基体表面形成的腐蚀产物层由外部的 Mg(OH)$_2$ 层和内部的 MgO 层组成,而 Mg(OH)$_2$ 层会被 Cl 离子不断转化为可溶解的 MgCl$_2$,从而失去保护作用。而内层的 MgO 和 Mg 原子之间的原子体积比小于 1,导致内部 MgO 层不能够完整覆盖住镁基体而难以起到有效的保护。不同的是,Nd$_2$O$_3$ 与 Nd 原子之间的体积比大于 1。因此 ZK60 – Nd 表面腐蚀产物层中形成的 Nd$_2$O$_3$ 有利于增加内部氧化层的致密度,提高镁基体抵抗腐蚀液入侵的能力。所以,ZK60 – Nd 与 ZK60 相比具有更好的耐腐蚀性能。

第二相的分布对 ZK60 – xNd 的腐蚀行为也有重要影响。在本研究中,ZK60 和 ZK60 – 1.8Nd 中第二相离散分布在镁基体中,而在 ZK60 – 3.6Nd 中,第二相连续分布并包裹住镁晶粒。不同的第二相分布对腐蚀过程的作用原理如图 4 – 12 所示。对于具有离散第二相的 ZK60 和 ZK60 – 1.8Nd,由于 α – Mg 与相邻第二相之间存在电位差,镁基体的腐蚀进程主要被 α – Mg 与第二相之间形成的电偶腐蚀主宰[图 4 – 12(a)]。随后,镁基体表面形成了一层腐蚀产物层[图 4 – 12(b)]。随着浸泡周期的延长,腐蚀液会透过腐蚀产物层侵入底层新鲜的 α – Mg,直至将整个镁基体瓦解[图 4 – 12(c)]。对于具有连续分布第二相的 ZK60 – 3.6Nd，在浸泡初期也受到电偶腐蚀的影响[图 4 – 12(d)]，导致暴露于腐蚀液中的的 α – Mg 晶粒被快速腐蚀[图 4 – 12(e)]。当暴露的 α – Mg 晶粒被腐蚀掉后，连续分布的第二相暴露在腐蚀液中。具有高自腐蚀电位的第二相在腐蚀液中具有极高的电化学惰性。在这种情况下，连续分布的第二相转变成紧密的防护栏[图 4 – 12(f)]，从而将腐蚀液与镁基体隔开，有效地阻止了腐蚀的扩展。因此，与 ZK60 和 ZK60 – 1.8Nd 相比，ZK60 – 3.6Nd 表现出更好的耐腐蚀性能。应该注意的是，随着 Nd 含量进一步增加到 5.4 %（质量），第二相显著粗化并呈现出聚集分布。因此，第二相和 α – Mg 晶粒之间的电偶腐蚀显著增强，导致 ZK60 – 5.4Nd 的腐蚀行为被严重恶化。

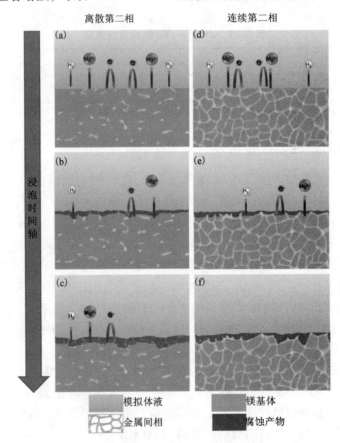

图 4 – 12　第二相分布影响腐蚀过程原理

对于离散第二相，(a)第二相与镁基体发生电偶腐蚀；(b)腐蚀产物形成；(c)腐蚀液持续入侵镁基体；对于连续第二相，(d)第二相和镁基体发生电偶腐蚀；(e)腐蚀产物形成；(f)连续第二相转化为屏障隔开腐蚀液

4.3　生物相容性

镁合金骨植入物不仅需要良好的力学性能和耐腐蚀性能，还需要具有良好的生物相容性。为此，本研究利用 MG – 63 细胞（American Type Culture Collection（ATCC），Rockville，USA），同时采用间接细胞培养和直接细胞培养两种方法来评估 ZK60 – xNd 的生物相容性。在间接细胞培养实验中，将 ZK60 – xNd 样品浸泡在含有胎牛血清、青霉素和链霉素的 DMEM 培养基（Dulbecco's modified Eagle's medium，Cellgro – Mediatech Inc.，USA）中，试样暴露表面积与浸泡液体积比为 1. 25 cm^2/mL。之后置于 37℃ 培养箱中浸泡 3 d，获得 100% 浓度的试样浸提液。然后将 100% 浓度浸提液分成三组，其中两组用 DMEM 进行稀释获得 50% 和 10% 浓度的浸提液。同时，利用 DMEM 培养液作为对照组。

将 MG – 63 细胞在 96 孔培养板（5 × 10^3 个细胞每 100 mL）中培养 1 d。然后，用 100 mL 不同浓度的浸提液代替培养液，然后将 96 孔培养板放入培养箱中培养（37℃，5% CO$_2$）。培养 1 d、3 d、5 d 后，将 1 mL 含有 3 –（4，5 – 二甲基噻唑 – 2 – 基）– 2，5 – 二苯基四氮唑溴盐（MTT，Sigma – Aldrich，USA）的溶液溶解于培养液中，并置于培养箱中继续培养 4 h。待紫色结晶物充分溶解后，向每个样品中加入 100 mL formazan 溶液（0.01mol/L HCl 中的 10% SDS），然后利用分光光度计（Bio – RAD680，Bio – Rad，Hercules，USA）测试其在 570 nm 处的光密（opitcal density，OD）。并将光密度转化为真实的细胞数量，因此，相对细胞活力（R）可以通过公式（4 – 4）计算：

$$R = \frac{OD_{\text{test}}}{OD_{\text{control}}} \times 100\% \qquad (4-4)$$

测试 MG – 63 细胞在 ZK60 – xNd 浸提液中的细胞相对活力如图 4 – 13 所示。可见 MG – 63 细胞在四组 100% 浸提液中培养 1 d 后的细胞相对活力均低于 75.1%，这表明 100% 浸提液对 MG – 63 细胞具有一定的细胞毒性，抑制了 MG – 63 细胞的生长。MG – 63 细胞在 100% 浸提液中被抑制生长可归结于浸提液中过高的氢氧根离子浓度以及伴随而来的高渗透压。事实上，由于人体内血液一直处于循环状态，可以有效减轻局部相对较高的离子浓度。因此，为了更准确地模拟人体环境，浸提液浓度被分别稀释到 50% 和 10%。测试结果表明 MG – 63 细胞在 50% 和 10% 浸提液中的细胞相对活力显著提高，其细胞相容性得到一定改善。另外，MG – 63 细胞在 ZK60 – 3.6Nd 浸提液培养 1 d 后的细胞相对活力为 83.2%，要高于在 ZK60 浸提液培养 1 d 后的 67.5%，ZK60 – 1.8 Nd 浸提液的 70.1% 和 ZK60 – 5.4Nd 浸提液的 60.6%。同时，MG – 63 细胞在

ZK60−3.6Nd 浸提液培养 5 d 后细胞相对活力逐渐增加到 93.5%，这说明
MG−63细胞在培养过程中不断增殖和生长。

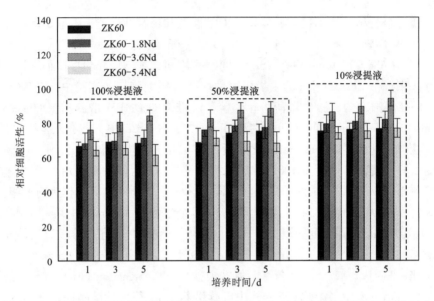

图 4 − 13   MG − 63 细胞在不同浓度浸提液中培养 1 d，3 d，5 d 后测得相对细胞活力
其中 ZK60 − 3.6Nd 浸提液中培养的细胞具有最高的相对细胞活力，且随着培养时间逐渐增加，相对
细胞活力也逐渐提高

在直接细胞培养实验中，将 ZK60 − 3.6Nd 试样置于 24 孔培养板中，并将
1mL MG − 63 细胞悬浮液接种在每个孔中，细胞密度为 6×10^4 个每毫升。放入
37℃，5% CO_2 培养箱进行细胞培养，每两天更换一次培养液。培养 1 d，3 d，
5 d后，利用磷酸盐缓冲液（Grand Island Biological Co.，USA）轻轻漂洗试样表面
三次后，然后用4℃预冷的 2.5% 戊二醛溶液（上海利康消毒剂高科技有限公
司，中国）进行固定处理。经梯度乙醇（50%，60%，70%，80%，90% 和
100%）脱水 20 min 后，在六甲基二硅氮烷（HMDS，阿拉丁工业公司，中国）中
冷冻干燥。将试样表面进行喷金处理后通过扫描电镜观察黏附于样品表面的细
胞形态。同时，当细胞培养 1 d、3 d、5 d 后，将试样表面黏附的细胞消化下来，
并用 Clacein − AM 溶液进行染色 15 min，然后利用装有数码摄像机的荧光显微
镜观察细胞形态。图 4 − 14(a) 显示了在 ZK60 − 3.6Nd 上直接培养的 MG − 63
细胞荧光染色形态，其中活细胞被染成绿色，死细胞被染成红色。可见，只有
少量死细胞黏附在试样表面，大部分细胞生长良好。图 4 − 14(b) 显示了在
ZK60 − 3.6Nd 上直接种植细胞的形态。培养 1 d 后观察到 ZK60 − 3.6Nd 样品

表面上附着有丝状伪足的细胞形态。随着培养时间增加到 5 d 后，MG – 63 细胞呈现多边形或纺锤体形状，具有富含伪足和分泌的细胞外基质，表明细胞与 ZK60 – 3.6Nd 之间具有良好的界面相互作用。

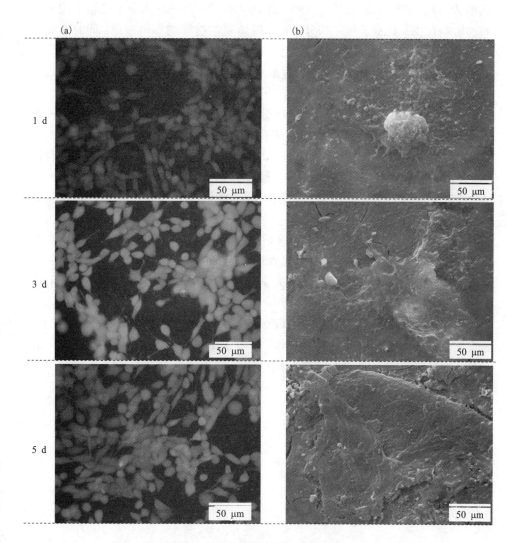

图 4 – 14　ZK60 – 3.6Nd 试样表面上直接培养 1 d, 3 d 和
5 d 后, MG – 63 细胞的荧光染色图和扫描电镜图

4.4 本章小结

本章将 Nd 引入到 ZK60 中以进一步提高其耐腐蚀性能，研究了 Nd 对 SLM 成型 ZK60 微观组织的变化，查明了不同 Nd 含量对镁基体中第二相形貌和分布的影响规律，揭示了第二相分布对镁基体腐蚀进程的作用机理，同时研究了 ZK60 - Nd 的生物学性能。主要结论包括：

（1）SLM 制备 ZK60 - Nd 中少量的 Nd 固溶在镁基体中，而大部分 Nd 以第二相形式均匀析出在晶界，且随着 Nd 增加析出的第二相增多；当 Nd 达到 3.6 %（质量）时，第二相形成了连续分布的蜂窝状结构，完全包裹住了镁晶粒；但当 Nd 继续提高时，第二相出现粗化和偏析。

（2）ZK60 - Nd 的力学性能随着 Nd 含量的增加先增加后减小，当 Nd 含量为 3.6 %（质量）时，压缩强度和显微硬度分别提高了 32.6% 和 37.7%；而引入 Nd 对镁基体力学性能的增强机制主要为固溶强化、细晶强化和第二相强韧化。

（3）在最优添加量 3.6 %（质量）条件下，腐蚀速率降低了 68.8%。对腐蚀产物分析发现引入 Nd 后，表面生成 Nd_2O_3 提高了腐蚀产物膜的致密度；同时，连续分布的第二相形成蜂窝状结构完全包裹镁晶粒，将腐蚀液和镁晶粒隔开，进一步延缓了浸泡液对镁基体的侵蚀。

（4）体外细胞培养发现，MG - 63 细胞在 ZK60 - Nd 的浸提液里生长良好，同时将 MG - 63 细胞直接种植在 ZK60 - Nd 表面，培养 3 d 后细胞在镁基体表面铺开，这些结果表明 ZK60 - Nd 具有良好的生物相容性。

第 5 章

介孔氧化硅对生物学性能的影响

　　骨植入物不仅需要具有合适的降解速率与骨生长速率相匹配，还需要具有良好的生物活性促进骨组织在界面生长。镁合金虽然有良好的生物相容性和力学相容性，但生物活性较差。介孔氧化硅因其高度有序的介孔结构和表面丰富的官能团具有优异的表面活性。假若将介孔氧化硅复合到生物镁合金骨植入物中，有望利用其优异的表面吸附特性促进镁基体表面钙磷的沉积，从而提高镁合金骨植入物的生物活性。因此，本章拟将介孔氧化硅复合到 ZK60 中，研究介孔氧化硅对微观结构的变化，分析介孔氧化硅在镁基体中的分散状态和界面结合特性，查明介孔氧化硅对镁合金生物活性的影响，并分析引入介孔氧化硅后耐腐蚀性能和细胞相容性的变化。

5.1　SLM 成型制备

5.1.1　原始粉末混合工艺

　　所用介孔氧化硅(mesoporous silicon，MS)为人工合成的介孔分子筛 SBA – 15(南京先丰纳米材料科技有限公司)，其孔径为 5 ~ 11 nm，比表面积为 550 ~ 600 m^2/g。利用扫描电镜和透射电镜观测其表面形貌，结果如图 5 – 1 所示。SBA – 15 的具体合成方法是先将三嵌段表面活性剂 P123 溶于 35 ~ 40℃的去离子水中，然后加入正硅酸乙酯、盐酸，并持续剧烈地搅拌 24 h，之后装入聚四氟乙烯瓶内晶化 24 h。将结晶得到的粉末进行过滤、洗涤并干燥，随后在 550℃煅烧 5 h 以上除去模板剂，然后过滤、洗涤并干燥，最终获得 SBA – 15 粉末。

图 5 - 1　介孔氧化硅原始粉末形貌

(a)扫描电镜图；(b)透射电镜图

　　利用电子天平称取一定量的介孔氧化硅粉末和 ZK60 粉末进行配比，并利用高能球磨机(DECO - PBM - V - 0.4L, 德科仪器设备有限公司)进行球磨，球磨时间为 4 h，球料比为 1:4，从而获得组分均匀的 ZK60/MS 混合粉末。球磨过程中采用高纯氩气(99.9%)保护。

5.1.2　样品制备过程

　　利用上述混合粉末在所开发的 SLM 系统上进行 ZK60/MS 试样的制备。为了获得高致密度的试样，在制备样品前先进行了一系列的预实验，最终确优选加工参数如下：激光功率 120 W、铺粉厚度 0.1 mm、扫描间距 0.08mm、扫描速率 20 mm/s。整个制备过程中进行氩气保护，所成型试样外形尺寸为 6 ×6 ×6 (mm³)。为了便于描述，所制备 ZK60/MS 试样根据介孔氧化硅含量的不同，分别被命名为 ZK60/4MS, ZK60/8MS 和 ZK60/12MS，详见表 5 - 1。此外，SLM 制备 ZK60 试样用作对照样。

表 5 - 1　SLM 成型 ZK60/MS 试样的材料组分

试样	组成/%（质量）	
	ZK60	介孔氧化硅
ZK60	100	0
ZK60/4MS	96	4
ZK60/8MS	92	8
ZK60/12MS	88	12

5.2　微观结构演变

5.2.1　物相组成

小角 X 射线散射技术是分析材料内部微观结构的一种有效手段。本研究采用小角 X 射线散射方法（$2\theta = 0.5° \sim 6°$）分析了 ZK60 粉末，介孔氧化硅粉末，ZK60/8MS 混合粉末以及 SLM 制备 ZK60/8MS 试样，结果如图 5-2 所示。当 X 射线照射完全均匀的物相时，其小角 X 射线散射强度为零，因此在 ZK60 粉末中未检测到任何明显的特征峰。而对于介孔氧化硅粉末，在位于 1.1°（100）处检测到较强的特征峰，同时在约 1.6°（110）和 1.8°（200）处检测到两个

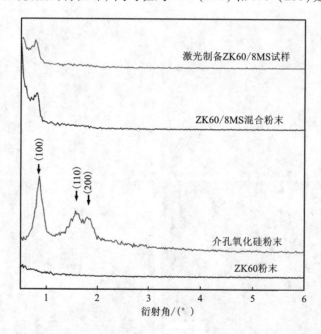

图 5-2　ZK60 粉末、介孔氧化硅粉末、ZK60/8MS 混合粉末、SLM 制备 ZK60/8MS 试样的小角度衍射图谱；SLM 成型 ZK60/8MS 试样维持了小角度散射峰强度

相对弱的特征峰。当检测物相中存在纳米尺度的孔隙结构时，会导致电子密度不均匀，从而使得入射光在小角度范围内出现散射。因此，上述结果证实介孔氧化硅具有高度有序的介孔结构。在 ZK60/8MS 混合粉末中，1.1°（100）处的特征峰强度变弱，而在 1.6°（110）和 1.8°（200）没有出现明显的特征峰。分析

认为，介孔氧化硅粉末在混合粉末中的比例较小，因此对应于介孔结构的特征峰强度减弱。需要指出的是，在 SLM 制备的 ZK60/8MS 试样中依然检测到位于 $1.1°(100)$ 处的特征峰，并且与 ZK60/8MS 混合粉末相比保持了峰强度。这个结果表明，SLM 成型工艺并未破坏介孔氧化硅原有的有序介孔结构。事实上，长时间处于高温环境下会导致介孔材料内部介孔结构的有序性变差，甚至出现坍塌。在本研究中，SLM 成型过程中激光作用的时间非常短暂，并且熔池经历快速冷却，因此没有破坏介孔氧化硅高度有序的孔结构。

5.2.2　介孔氧化硅的分散与界面结合特性

将 SLM 制备 ZK60/MS 试样进行抛光，然后利用自行配比的苦味酸溶液对试样表面进行化学腐蚀，腐蚀时间为 20 s，然后采用光学显微镜（Leica DM4700，

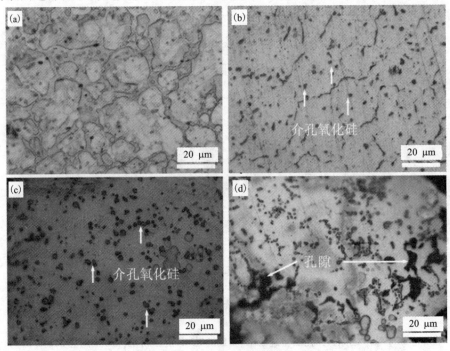

图 5-3　ZK60/MS 试样微观组织

（a）ZK60；（b）ZK60/4MS；（c）ZK60/8MS 和（d）ZK60/12MS。当介孔氧化硅含量达到 12 %（质量）时出现团聚，导致镁基体中出现大量孔隙

Germany）对刻蚀后揭露的微观组织进行观察，结果如图 5-3所示。可见 SLM 制备 ZK60 由均匀细小的等轴晶组成，同时有少量金属间相均匀分布在晶界。而

对于 ZK60/4MS 和 ZK60/8MS，有大小约为 1 ~ 3 μm 且具有不规则形状的增强颗粒均匀分散在镁基体中，如图 5 - 3(b) 和图 5 - 3(c) 所示。增强颗粒在光镜下呈灰暗色，如箭头标识。然而当介孔氧化硅含量进一步增加到 12 %（质量）时，部分增强颗粒团簇在镁基体中的局部区域，如图 5 - 4(d) 所示。同时 ZK60/12MS 基体中出现一些明显的孔隙，大小约十几个微米，如图 5 - 3(d) 中箭头所标示。

对于 SLM 工艺所制备镁工件，致密度是影响其降解行为和力学性能的关键因素。因此，本研究通过测量孔隙率来分析所制备 ZK60/MS 试样的致密度，结果如图 5 - 4 所示。可见 SLM 制备 ZK60 的致密度达到了(98.3 ±0.8)%。事实上，在激光快速加热与快速冷却的过程中，高温熔池内部的气泡很难及时完全逸出，因此所制备工件很难实现 100% 致密。业内研究人员一般认为达到 97% 以上就可以认为是近乎完全致密。在本研究中，加入介孔氧化硅增强颗粒后，ZK60/4MS 和 ZK60/8MS 仍保持了很高的致密度，分别为(97.2 ±1.4)% 和 (96.4 ±2.4)%。但随着介孔氧化硅含量增加至 12 %（质量），致密度反而急剧下降至 81.5 ±7.1%，远远低于 ZK60, ZK60/4MS 和 ZK60/8MS。

介孔氧化硅颗粒在镁基体中的分散状态对 SLM 制备 ZK60/MS 试样的耐腐

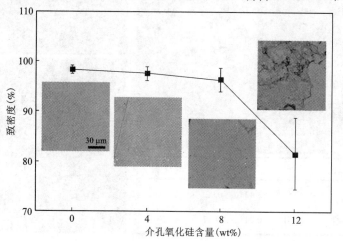

图 5 - 4　SLM 制备 ZK60/MS 试样的致密度

n = 3；插图为试样横截面形貌

蚀性能和力学性能也至关重要。因此，利用扫描电镜(Quanta FEG250, USA) 和 X 射线能谱分析(JSM - 5910LV, Japan) 进一步研究所制备 ZK60/8MS 试样中介孔氧化硅的分散状态，结果如图 5 - 5 所示。在背散射电子成像中，具有相对明

亮衬度的层片状颗粒均匀分布在镁基体中，如图 5 – 5(b)所示。相应的 X 射线

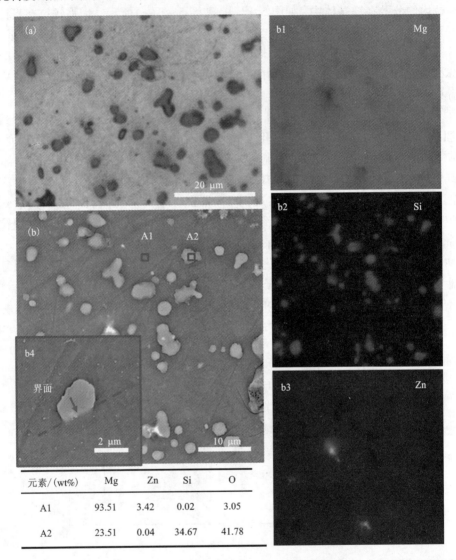

元素/(wt%)	Mg	Zn	Si	O
A1	93.51	3.42	0.02	3.05
A2	23.51	0.04	34.67	41.78

图 5 – 5　(a) 光学显微镜和(b) 扫描电镜观察介孔氧化硅增强颗粒在镁基体中的分散状态

(b1 – b3) 为图(b)的能谱分析元素面扫描，包括 Mg、Si 和 Zn 元素，可见介孔氧化硅均匀分散在基体中；(b4) 为高倍扫描电镜图，可见介孔氧化硅颗粒嵌入镁基体中，形成了紧密的结合界面

能谱分析表明这些颗粒富含 Si 元素。对层片状颗粒区域的元素组分分析表明，颗粒中主要含有氧元素[41.78 %（质量）]和硅元素[34.67 %（质量）]，这也证实了均匀分布的层片状颗粒为介孔氧化硅。同时，X 射线能谱分析显示 3.42

%(质量)的 Zn 元素固溶在 α – Mg 基体中,仅有少量金属间相析出在晶界[图 5 – 5(b3)],这表明经过激光快速凝固处理后获得了过饱和固溶体 α – Mg。此外,在高倍扫描电镜下观察,可见在 α – Mg 晶粒和介孔氧化硅两相界面处没有明显的间隙和裂缝,表明镁基体和增强颗粒之间形成了紧密的结合界面[图 5 – 5(b4)]。一般而言,紧密的结合界面有利于提高 ZK60/MS 的力学性能和耐腐蚀性能。

5.2.3 快速凝固促进增强颗粒均匀分散机理

相关研究表明,利用传统工艺制备颗粒增强镁合金复合材料时,在添加少量增强颗粒时就容易出现颗粒团聚现象。例如,Huang 等利用铸造工艺制备 Mg – 2Zn – 0.5Ca/1β – TCP 时,发现在添加 1 %(质量)的 β – TCP 时就观察到 β – TCP 在镁基体中团聚。Xiong 等将 HA 增强颗粒与镁基体复合,在添加 5 %(质量)HA 时也观察到了 HA 的团聚现象。严等通过粉末冶金法制备了 Mg – Zn/β – TCP 复合材料,同样观察到了 β – TCP 的聚集现象。分析认为,增强颗粒和 α – Mg 之间的物理差异是导致其在镁基体中团聚的主要因素。根据异质成核理论,这种晶体结构的差异使得 α – Mg 难以在增强颗粒表面形核。因此,在凝固过程中,大部分增强颗粒将被 α – Mg 晶粒的生长前沿推动。在铸造工艺等低冷却速率的平衡凝固过程中,增强颗粒将被缓慢推进的固/液界面连续排挤,最终聚集在晶界处并引起成分偏析。另外,增强颗粒一般相比于镁金属而言具有更低的热导率和热容,因此增强颗粒的存在会导致热量在两相界面聚集,使得熔体过冷度降低,从而减缓固/液界面推进速率,进一步促使增强颗粒被固/液界面推动而形成团聚。

在本研究中,增强颗粒在含量达 8 %(质量)时仍能够均匀分散在镁基体中[图 5 – 5(a)]。事实上,Shuai 等利用 SLM 工艺制备了 HA 颗粒增强镁基复合材料用于骨组织修复,发现 HA 添加量达到 10 %(质量)时依然能够均匀分散在镁基体中。Deng 等利用 SLM 技术制备 TCP 增强镁基复合材料,发现添加的 12 %(质量)TCP 仍能较均匀地分散在镁基体中。这些结果表明,相比于传统成型工艺,SLM 工艺更有利于促进增强颗粒均匀分散在镁基体中。

分析认为,在 SLM 过程中激光热源呈高斯分布,导致在熔池表面产生明显的温度梯度。在温度梯度的影响下,熔体自由面会产生表面张力,使得熔体各部位会表现出不同的流动方向,从而形成马兰戈尼对流。熔体的表面张力与温度梯度呈负相关,促使熔池内液相由熔池中心流向熔池边缘,形成典型的自然流动,如图 5 – 6 所示。这种强烈的马兰戈尼液相对流能够有效推动介孔氧化硅增强颗粒在熔池内部运动,迅速完成重新排列,然后均匀地悬浮在液相熔池中。同时，被马兰戈尼对流推动的介孔氧化硅颗粒能够被快速流动的镁金属液相充分润湿。随后，熔池经历快速冷却，冷却过程中颗粒相的迁移行为将影响最终的分散状态。一般认为，增强颗粒和固液界面之间的交互作用将直接决定其在熔体内实现的重排方式，要么被界面俘获，要么被界面排挤。并且，有一个临界的固液界面推进速率，即冷却速率，能够改变增强颗粒与固液界面之间的交互动力学，进而决定了最终增强颗粒的分布状态。冷却速率而高于临界值，则被俘获，低于临界值，则会被界面排挤。显然，在 SLM 成型过程中，极高的冷却速率和快速推进的固液相界面能够有效俘获在熔池中均匀分散的增强颗粒。而在传统成型工艺中，其冷却速率较低(低于临界值)，在凝固过程中增强颗粒会被缓慢推进的固液界面排挤到界面前沿，随着界面行进而行进。在此过程中，增强颗粒被推动了很长的一段距离，甚至能够达到其粒径的数千倍，并不断有增强颗粒被带到界面前沿，最终出现了团聚现象。

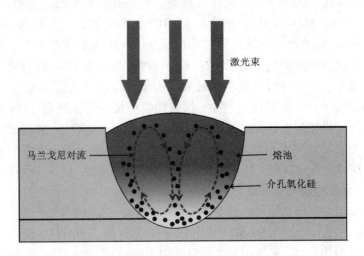

图 5 - 6　激光作用下熔池内部增强颗粒与液相相互作用机制

　　而且，充分的马兰戈尼对流促进颗粒表面良好的润湿，从而实现颗粒与镁基体之间形成紧密的结合界面。此外，激光快速凝固引起晶粒细化。更高密度的晶界将为增强颗粒提供更多的分布空间，也有利于减轻增强颗粒的聚集。需要指出的是，当介孔氧化硅含量达到 12 %(质量)时，镁基体中依然出现了增强颗粒的团聚。分析认为，当增强颗粒过多时，熔池内部液相的黏度大大增加。此时熔池内部的液相对流和液相张力被削弱。在这种情况下，增强颗粒难以利用熔池液相对流完成有效的重排，而是在自然重力的作用下聚集到熔池底部。随后快速推进的固液界面俘获聚集在熔池底部的颗粒，从而形成了颗粒团聚。

5.3　耐腐蚀性能

5.3.1　电化学特性

采用电化学测试实验研究了 SLM 制备 ZK60/MS 试样在模拟体液中的电化学腐蚀行为。测试过程中调控模拟体液温度为37℃，pH 为7.4。实验过程中扁平电池和 ZK60/MS 样品分别用作标准电极和工作电极，而大面积铂片和饱和甘汞电极分别用作相对电极和参比电极。在记录动态极化曲线之前，先将 ZK60/MS 试样浸泡在电解液中直到获得相对稳定的开路电势（OCP），然后确定极化测试区间 ±300 mV SCE（vs. OCP），扫描速率为0.5 mV/s，获得的动态极化曲线如图5－7（a）所示。通过塔菲尔外推法推导而来的电化学参数如图5－7（b）所示。

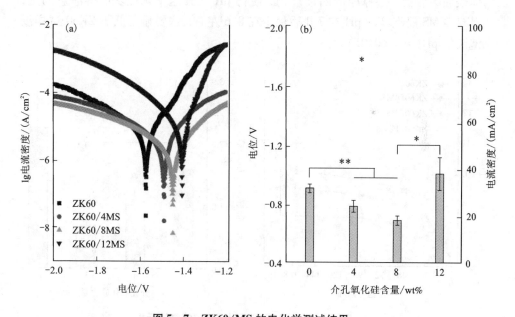

图 5－7　ZK60/MS 的电化学测试结果

（a）动态变化的电位极化曲线；（b）利用塔菲尔外推法得出的电化学参数；$n = 3$，$*p < 0.05$，$**p < 0.01$

由电化学实验可知，ZK60 具有相对较低的自腐蚀电位，仅为 -1.59 ± 0.04 V。与介孔氧化硅增强颗粒复合后，自腐蚀电位逐渐提高到

-1.52 V（ZK60/4MS）和 -1.40 V（ZK60/8MS）。同时，随着介孔氧化硅含量的增加，ZK60/MS 的腐蚀电流逐渐减小。具体而言，ZK60 的腐蚀电流为 31.24 ± 4.21 μA/cm²。添加 4 %（质量）介孔氧化硅后，腐蚀电流减小到 21.86 ± 2.42 μA/cm²。进一步添加 8 %（质量）介孔氧化硅后，腐蚀电流继续减少到 14.63 ±3.95 μA/cm²。这些结果表明，ZK60/8MS 具有更好的电化学惰性，即更高的腐蚀抗力。相关学者在研究 β - TCP 增强 Mg - Zn - Mn 时也发现增强颗粒能够提高镁基体的电化学惰性。

5.3.2 降解行为

利用浸泡实验研究 SLM 制备 ZK60/MS 试样的降解行为。浸泡试验在模拟体液（37℃，pH 7.4）中进行，试样暴露面积与溶液体积比为 0.1 cm²/mL。浸泡 1 d，2 d，4 d，7 d 后，利用 pH 计检测浸泡液的 pH，结果如图 5 -8(a) 所示。可见所有浸泡液的 pH 在最初 2 d 内均快速上升，然后缓慢上升并趋于稳定。镁基体快速腐蚀时释放氢氧根离子，使得 pH 快速上升。随着腐蚀的进行，基体表面会覆盖一层厚厚的腐蚀产物，使得 pH 上升速率减慢。值得注意的是，ZK60/8MS 浸泡液的 pH 在 7 d 后稳定在 8.6 左右，这要显著低于 ZK60 试样浸泡液的 pH（ *p < 0.01）。

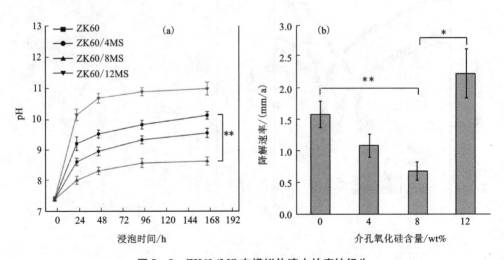

图 5 -8　ZK60/MS 在模拟体液中的腐蚀行为
（a）模拟体液 pH 的变化曲线；（b）通过失重法计算出的腐蚀速率，$n=3$，*p < 0.05，**p < 0.01

此外，本研究利用质量损失法评估 ZK60/MS 试样的腐蚀速率，浸泡 7 d 后将样品从浸泡液中取出，然后利用铬酸洗液去除腐蚀产物，待其干燥后利用电子天平获得试样的质量损失,结果如图 5 - 8(b)所示。可知 ZK60 具有相对较大的腐蚀速率 1. 57 ± 0. 21 mm/a,而 ZK60/8MS 具有最小的腐蚀速率 0. 67 ± 0. 15 mm/a,这说明添加介孔氧化硅改善了 ZK60 的耐腐蚀性能。需要注意的是,ZK60/12MS 展现了最快的腐蚀速率 2. 21 ± 0. 38 mm/a,这与其相对较差的致密度与关。

5.4　生物学性能

5.4.1　亲水性

采用接触角测量仪(DSA100,Kruss,Germany)分析 ZK60/MS 试样的亲水性,利用毛细管针头装载 5 μL 水后,控制水滴慢慢从针头滴到试样表面,然后利用高速摄像头记录水滴与试样表面的湿润角。由于水滴在试样表面的湿润角会动态变化,因此统一记录水滴接触表面 10 s 后的接触角,结果如图 5 - 9 所示。可见 ZK60 的水接触角为 81. 6° ± 2. 4°,与其他文献里报道的镁合金水接触角接近。需要注意的是,ZK60/MS 试样的水接触角随着介孔氧化硅含量增加而逐渐降低。具体来讲,添加 4 %(质量)介孔氧化硅,水接触角降低到 62. 4° ± 3. 5°。进一步提高到 8 %(质量)和 12 %(质量)后,水接触继续降低到 50. 8° ± 4. 1°和 41. 2° ± 8. 4°。

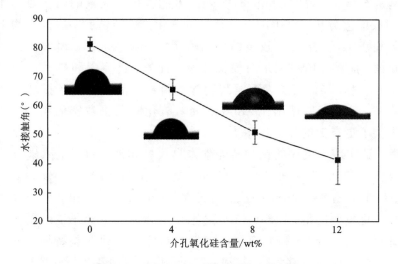

图 5 - 9　ZK60/MS 试样表面的水接触角

$n = 3$;随着介孔氧化硅含量的增加而显着降低;插图是 ZK60/MS 试样的水接触角图片

一般认为水接触角小于90°时则该表面具有亲水性，角度越小亲水性越好；若水接触角大于90°，则该表面具有疏水性，即液体不易润湿表面。对于镁合金骨植入物而言，良好的表面亲水性有利于其在植入体内后吸收周围输送过来的营养物质和生物活性因子，从而加速其表面新骨组织的生长而促进骨愈合。上述实验结果表明，ZK60虽然具有一定的亲水性，但其亲水性不够理想，而添加介孔氧化硅显著改善了ZK60的表面亲水性。事实上，表面亲水性与表面化学成分和表面微观结构密切相关。加入介孔氧化硅后，大量介孔氧化硅颗粒均匀暴露于表面，这无疑改变了镁基体表面的化学组成和微结构。具体而言，具有高比表面积和大量孔结构的介孔氧化硅颗粒部分暴露于镁基体表面，这有利于水溶液从介孔结构浸入镁基体，加速水溶液的润湿过程。另一方面，介孔氧化硅颗粒表面含有大量的硅醇官能团，这些硅醇官能团可以通过氢键吸引水分子。因此，随着介孔氧化硅含量的增加，ZK60/MS的表面亲水性逐渐改善。

5.4.2 生物活性

利用模拟体液浸泡实验评估ZK60/MS试样的生物活性。浸泡7 d后将试样进行干燥，随后进行喷金并利用扫描电镜观察表面形貌，结果如图5-10(a)所示。可见ZK60表面被氢氧化镁覆盖，展现出疏松多孔的表面形貌。不同的是，ZK60/8MS表面被许多针状沉积物覆盖，这是典型的类骨磷灰石形态，说明ZK60/8MS表面可能沉积了大量的磷灰石晶体。利用X射线能谱分析ZK60/8MS表面的元素组成，结果表明腐蚀产物不仅包含了氧和镁元素，还含有较多的钙和磷元素。显然，氧和镁来自腐蚀产物氢氧化镁，而钙和磷只能来自模拟体液。此外，钙元素和磷元素的原子比约为1.6，进一步证实了表面沉积物含有磷灰石晶体。磷灰石晶体基本覆盖了镁基体表面，展现出比ZK60表面氢氧化镁层更致密的结构，可为镁基体提供了更有效的保护作用。

为了证实表面沉积的钙和磷元素来自模拟体液，利用电感耦合等离子体光谱仪(ICAP-7200, Thermo Fisher, USA)分析浸泡液中Ca和P的离子浓度，结果如图5-10(b)所示。可见在开始的2 d，Ca和P离子浓度均有所降低。更重要的是，ZK60/8MS浸泡液中Ca和P的离子浓度展现出更快的下降速率。结合Ca和P离子浓度变化趋势和腐蚀形貌特征，可合理推断介孔氧化硅颗粒能够吸附Ca和P离子，促进表面磷灰石的沉积，从而提高镁基体的生物活性。为了更好地理解介孔氧化硅加速镁基体表面钙磷沉积的作用，将其原理示意在图5-11。首先，可溶性的介孔氧化硅在模拟

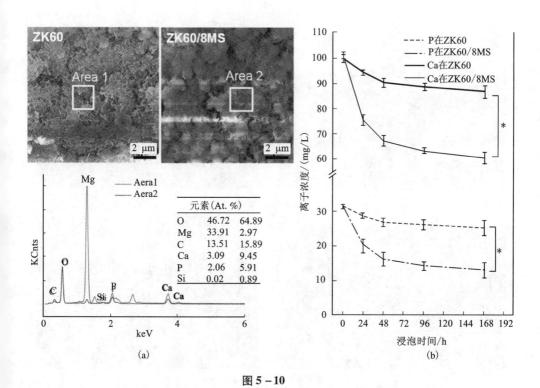

图 5 – 10

(a)浸泡 7 d 后 ZK60 和 ZK60/8MS 表面形貌以及腐蚀产物的 X 射线能谱分析结果；(b)浸泡过程中 P 和 Ca 离子浓度变化曲线

体液中发生水解，导致 Si – O – Si 键裂开，从而在表面形成大量的硅烷醇 Si – OH。随后，硅烷醇进行聚合反应形成硅胶层［图 5 – 11（b）］。在碱性环境中，富含二氧化硅的硅胶层带负电荷，使得模拟体液中的 Ca^{2+} 和 HPO_4^{2-} 依次被吸引到凝胶层表面［图 5 – 11（c）］。Ca^{2+} 和 HPO_4^{2-} 向硅胶层的这种迁移有助于硅胶层表面形成无定形磷酸钙，随后结晶形成钙磷石晶体［图 5 – 11（d）］。沉积的钙磷石晶体有利于植入物与骨组织形成良好的界面结合，从而加速缺损骨组织的愈合。

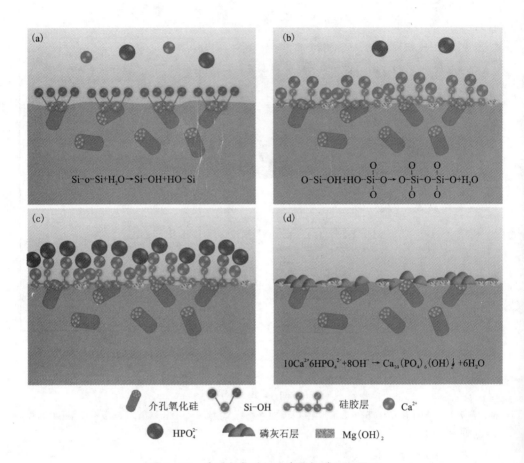

图 5 − 11　介孔氧化硅促进表面钙磷沉积原理

(a)表面发生水解,形成大量的硅烷醇;(b)硅烷醇进行聚合反应形成带负电的硅胶层;(c)硅胶层依次吸附 Ca^{2+} 和 HPO_4^{2-} ;(d) Ca^{2+} 和 HPO_4^{2-} 结晶形成钙磷石晶体

5.4.3　生物相容性

利用 MG − 63 细胞来评估 ZK60/MS 的生物相容性。先将冰冻的 MG − 63细胞复苏并传至第三代,同时将 ZK60/MS 试样浸泡在 DMEM 培养基中 3 d,从而制备浸提液,浸泡过程中试样暴露面积与溶液体积比为 1.25 cm^2/mL。将复苏好的细胞和制备的浸提液用于间接细胞培养和直接细胞培养。在间接培养实验中,将 MG − 63 细胞(密度 5×10^3 个/毫升)接种在 96 孔培养板中,每孔放置 100 μL DMEM 培养基,培养 1 d 后,用 100 μL 浸提液代替

DMEM 培养基。分别培养 1 d, 3 d, 5 d 后，每孔加入 10 μL CCK－8 溶液，然后在 37℃培养箱中继续培养 2 h，随后检测培养液在 450 nm 处的吸光度。在直接培养法中，将试样放置在 24 孔培养板中，然后将 MG－63 细胞直接种在试样表面，细胞种植密度为 1×10^4 个/孔。将细胞分别培养 6 h、1 d 和 3 d，随后用磷酸盐缓冲溶液轻轻冲洗细胞，然后使用 Calcein－AM 和 Ethidium homodimer－1 试剂染色 15 min。之后用磷酸盐缓冲溶液轻轻冲洗样品两次，然后固定在载玻片上，使用荧光显微镜（BX60，Olympus，Japan）观察细胞形态。

　　直接种植试样表面的细胞在培养 6 h，1 d 和 3 d 后的形貌如图 5－12(a)所示。同时对表面黏附活细胞的数量进行了定量统计，结果如图 5－12(b)所示。可以看出，所有试样表面都黏附了很少的死细胞。而且，随着培养时间延长，黏附在试样表面的细胞增加。更重要的是，在整个培养期间，ZK60/8MS 表面黏附的细胞比 ZK60 表面更多，这表明 ZK60/8MS 具有更好的细胞相容性。此外，培养 3 d 后，ZK60 试样表面黏附的 MG－63 细胞展现出圆形的团簇形态，而在 ZK60/8MS 上培养的细胞在培养 1 d，3 d 后完全铺展开并具有大量的伪足。这些结果表明，ZK60/8MS 相比 ZK60 更有利于细胞黏附和生长。分析认为，具有高度有序介孔的介孔氧化硅为细胞和培养基之间的相互作用提供了丰富的机会，因此促进了细胞黏附和增殖。

　　通过 CCK－8 测定法测得 ZK60/8MS 和 ZK60 浸提液在不同培养时间的细胞相对活力如图 5－12(c)所示。MG－63 细胞在 ZK60 浸提液中培养 1 d 后的细胞相对活力为 63.8%，培养 3 d 后为 66.1%，培养 5 d 后为 65.5%。而在 ZK60/8MS 浸提液中，MG－63 细胞培养 1 d 后相对细胞活力达到 75.8%，培养 3 d 后上升到 88.5%，继续培养到 5 d 后甚至达到了 110.8%。显然，与 ZK60 浸提液相比，ZK60/8MS 浸提液更有利于 MG－63 细胞的生长，这表明添加介孔氧化硅提高了 ZK60 的细胞相容性。分析认为，提高的细胞相容性与 ZK60/MS 具有更小的腐蚀速率有关。在镁基体腐蚀过程中，氢氧根离子浓度的增加以及随之而来的渗透压都会对细胞生长产生一定的负面作用。与 ZK60 相比，ZK60/8MS 在 DMEM 培养基中释放的镁离子和氢氧根离子显著减小，从而获得了更接近生理条件的 pH、离子浓度和渗透压，所以更有利于细胞生长。另一方面，ZK60/8MS 在腐蚀过程中也释放一定的硅离子到培养液中，这也可能有助于改善其生物相容性。相关研究表明，作为人体必需的营养元素，硅元素也有助于骨组织的生长。

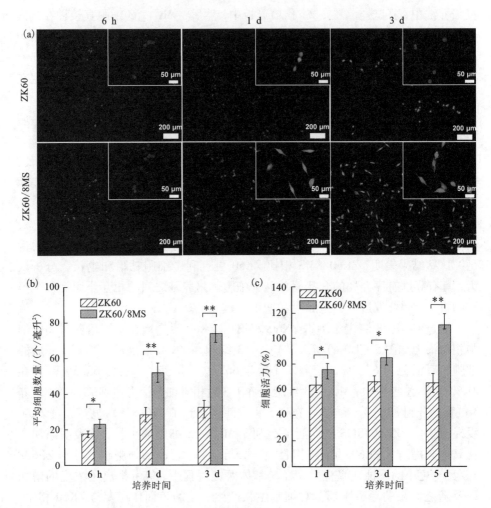

图 5 – 12

(a)经过荧光染色后观察到的细胞形貌,绿色为活细胞,红色为死细胞;(b)黏附在 ZK60/8MS 和 ZK60 试样表面的 MG – 63 细胞数量;(c)CCK – 8 测试 MG – 63 细胞的相对活力,以纯 DMEM 作为对照;$n = 3$, $*p < 0.05$, $* *p < 0.01$

5.5　本章小结

　　本章节将介孔氧化硅增强颗粒与 ZK60 复合，利用介孔氧化硅表面大量的功能团和巨大的比表面积促进了镁基体表面钙磷的沉积，从而提高了 ZK60 的生物活性。主要结论包括：

　　(1)在快速凝固作用下，介孔氧化硅均匀分散在镁基体中，并获得了紧密的界面结合。这是由于在液相熔池中，介孔氧化硅颗粒在液相对流驱动下均匀分散在熔池中，随后高速推进的固/液界面将介孔氧化硅捕获；同时液相对流促进介孔氧化硅被液相充分润湿。

　　(2)介孔氧化硅因其优异的吸附特性和巨大的比表面积为镁基体表面提供了更多的钙磷形核位点，从而促进了镁基体表面的钙磷沉积，提高了生物活性；致密的钙磷层同时延缓了镁基体的腐蚀速率。

　　(3)体外细胞培养实验表明，相比 ZK60，ZK60/8MS 具有更好的细胞相容性。MG-63 细胞在 ZK60/8MS 表面生长良好，培养 1 d 后即可完全铺展在基体表面，且表面黏附的细胞数量随着培养时间增加而不断增多。

第 6 章

总结与展望

6.1　本文总结

随着人口老龄化的加速、生活节奏的加快、意外创伤的增加，人们对骨植入物的需求日益增长。镁合金具有天然的可降解性，合适的力学性能和良好的生物相容性，在治疗骨缺损方面具有广阔的应用前景。但常规成型工艺容易造成镁合金晶粒粗大、第二相偏析等组织缺陷，导致降解速度过快，过早丧失力学结构完整性。本书以增强镁合金耐腐蚀性能为目标，开发了针对镁合金骨植入物的 SLM 快速成型系统，研究了 SLM 过程中工艺参数对镁合金成型质量的影响规律，探索了合金元素 Nd 和增强颗粒介孔氧化硅对镁合金骨植入物耐腐蚀性能的增强机制及对生物相容性的影响。主要结论如下：

（1）开发了面向镁合金骨植入物的 SLM 成型系统。采用 PC 端软件和控制板卡实现了扫描振镜的运动控制，获得了高速精准的激光扫描，扫描速率 0～3 m/s 连续可调；采用扩束镜和 F－theta 透镜设计激光传输路径，聚焦得到均匀稳定的激光光斑，光斑尺寸 100 μm；利用惰性气体保护装置构建氩气保护氛围，将工作环境中的氧含量控制在 1 μL/L 以下。

（2）在所开发 SLM 系统上进行镁金属的成型制备，发现在激光能量较低时镁金属粉末进行半固相烧结，所获得镁金属制件致密度低，力学性能差；当激光能量过高时，镁金属粉末将被直接烧损形成大量烟尘；在优选工艺（激光功率 50 W、扫描速率 600 mm/min）条件下，镁金属粉末基于完全熔化/凝固成型机制获得了致密的镁金属制件，其压缩强度为 45.6 MPa、显微硬度为40.1 HV。

（3）利用完全熔化/凝固成型机制制备 ZK60 过程中，激光能量密度与成型质量密切相关。在激光能量密度相对较低时，熔池内液相动态黏度过高限制了液相流动，引起液相球化和表面开孔等缺陷；在激光能量密度较高时，累积残余热应力过大导致成型制件中出现裂纹；在最优激光能量密度 600 J/mm³ 条件下，所成型 ZK60 制件的致密度达到 97.4%。

（4）发现 SLM 过程中随着激光能量密度的提高，熔池热量累积越大，导致冷却速率逐渐减慢，使得所制备镁合金的晶体结构从细小枝晶向粗大等轴晶转变；同时熔池内形成的溶质俘获效应减弱使得固溶在镁基体中的合金元素减少而第二相增多。在最优激光能量密度 600J/mm³ 条件下获得晶粒尺寸为 5.6 μm 的镁合金，其具有最优的力学性能和最慢的腐蚀速率。

（5）发现在 SLM 成型 ZK60 – Nd 过程中第二相能够均匀析出在晶界，在最优添加量 3.6%（质量）时，获得了第二相连续分布的蜂窝状结构，形成包裹效应有效阻碍了腐蚀液对镁基体的侵蚀，使得腐蚀速率降低了 68.8%。同时，Nd 通过固溶强化、细晶强化和第二相强化增强了镁基体的力学性能，其压缩强度和显微硬度分别提高了 32.6% 和 37.7%。

（6）发现 SLM 制备 ZK60/MS 过程中熔池内形成的马兰戈尼对流以及随后的快速凝固能够促进介孔氧化硅的均匀分散，并获得紧密的界面结合。查明介孔氧化硅的最优添加量为 8%（质量），此时介孔氧化硅优异的表面活性和巨大的比表面积促进了镁基体表面钙磷层的沉积，提高了生物活性；同时，镁基体表面致密的钙磷层延缓了腐蚀速率。

（7）发现介孔氧化硅提高了镁合金的细胞相容性。体外细胞培养实验表明 MG – 63 细胞在 ZK60/8MS 表面生长良好，培养 1 d 后即可完全铺展在基体表面，且表面黏附的细胞随着培养时间增加而不断增多。

6.2　研究展望

本书针对目前常规工艺制备镁合金骨植入物耐腐蚀性能差这一问题，利用 SLM 技术制备了高性能镁合金骨植入物，并利用合金元素 Nd 和介孔氧化硅颗粒分别改善了其耐腐蚀性能和生物活性。下一步的工作是对镁合金骨植入物进行功能化，拟将具有抗菌能力的生物材料引入到镁合金骨植入物，研究镁合金中抗菌剂、抗肿瘤因子的释放动态过程以及抗菌机理，进一步优化镁合金骨植入物的结构、组分、力学性能、耐腐蚀性能，以更好地满足骨修复的要求。

参考文献

［1］ Bian L, Mak A. F. T, Wu C, et al. A model for facilitating translational research and development in China: Call for establishing a Hong Kong Branch of the Chinese National Engineering Research Centre for Biomaterials[J]. Journal of Orthopaedic Translation, 2014, 2 (4): 170 – 176.

［2］ Martinez A. A. , Navarro E. , IglesiasD. , et al. Long – term follow – up of allograft reconstruction of segmental defects of the humeral head associated with posterior dislocation of the shoulder[J]. Injury, 2013, 44(4): 488 –491.

［3］ Lu M. L. , Tsai T. T. , Chen L. H. , et al. Comparison of Fusion Rates between Autologous Iliac Bone Graft and Calcium Sulfate with Laminectomy Bone Chips in Multilevel Posterolateral Spine Fusion[J]. Open Journal of Orthopedics, 2013, 3(2): 119 –127.

［4］ Sola A. , Bellucci D. , Cannillo V. , et al. Bioactive glass coatings: a review[J]. Surface Engeering, 2013, 27(8): 560 –572.

［5］ 高英杰, 于磊, 李志磊, 等. 同种异体骨与自体骨在骨缺损治疗中的应用比较[J]. 实用骨科杂志, 2015, 7(7): 592 –595.

［6］ 方志伟, 李舒, 樊征夫, 等. 异种骨和人工骨修复骨肿瘤性骨缺损[J]. 中国组织工程研究, 2014, 18(16): 2468 –2473.

［7］ Srinivas K. M. , Ssj A. S. , Dhanasekaran M. , et al. Polycaprolactone scaffold engineered for sustained release of resveratrol: therapeutic enhancement in bone tissue engineering [J]. International Journal of Nanomedicine, 2014, 9(1): 183 –195.

［8］ Holzwarth J. M. , Ma P. X. Biomimetic nanofibrous scaffolds for bone tissue engineering[J]. Biomaterials, 2011, 32(36): 9622 –9629.

［9］ NingH. Magnetic responsive scaffolds and magnetic fields in bone repair and regeneration[J]. 材料科学前沿(英文版), 2014, 8(1): 20 –31.

[10] Yang F. Recent Advances in Bone Tissue Engineering[J]. Shandong Journal of Biomedical Engineering, 2002, 3:20.

[11] Titorencu I., Albu M. G., Nemecz, M., et al. Natural Polymer – Cell Bioconstructs for Bone Tissue Engineering[J]. Current Stem Cell Researchand Therapy, 2017, 12(2): 1 –8.

[12] Nguyen B. B., Moriarty R. A., Kamalitdinov T., et al. Collagen Hydrogel Scaffold Promotes Mesenchymal Stem Cell and Endothelial Cell Coculture for Bone Tissue Engineering [J]. Journal of Biomedical Materials Research Part A, 2017, 105(4): 1123 –1131.

[13] Levengood S. L., Zhang M. Chitosan – based scaffolds for bone tissue engineering[J]. Journal of Materials Chemistry B, 2014, 2(21): 3161 –3184.

[14] Pangon A., Saesoo S., Saengkrit N., et al. Hydroxyapatite – hybridized chitosan/chitin whisker bionanocomposite fibers for bone tissue engineering applications[J]. Carbohydrate Polymer, 2016, 144: 419 –427.

[15] Toosi S. H., Naderimeshkin H., Kalalinia F., et al. PGA – incorporated Collagen: Toward a Biodegradable Composite Scaffold for Bone – tissue Engineering[J]. Journal of Biomedical Materials Research Part A, 2016, 104(8): 2020 –2028.

[16] Kumar S. S., Chhibber R., Mehta R. PEEK Composite Scaffold Preparation for Load Bearing Bone Implants[J]. Materials Science Forum, 2018, 911: 77 –82.

[17] Bose S., Roy M., Bandyopadhyay A. Recent advances in bone tissue engineering scaffolds [J]. Trends in Biotechnology, 2012, 30(10): 546 –54.

[18] Dhand C., Ong S. T., Dwivedi N., et al. Bio – inspired in situ crosslinking and mineralization of electrospun collagen scaffolds for bone tissue engineering[J]. Biomaterials, 2016, 104: 323 –338.

[19] Vyas V., Kaur T., Thirugnanam A. Chitosan composite three dimensional macrospheric scaffolds for bone tissue engineering[J]. International Journal of Biological Macromolecules, 2017, 104: 1946 –1954.

[20] Noori A., Ashrafi S. J., Vaezghaemi R., et al. A review of fibrin and fibrin composites for bone tissue engineering[J]. International Journal of Nanomedicine, 2017, 12: 4937 –4961.

[21] Madhumathi K., Sudheesh Kumar P. T., Kavya K. C., et al. Novel chitin/nanosilica composite scaffolds for bone tissue engineering applications[J]. International Journal of Biological Macromolecules, 2009, 45(3): 289 –292.

[22] Zhao Q., Wang S., Tian J., et al. Combination of bone marrow concentrate and PGA scaffolds enhance bone marrow stimulation in rabbit articular cartilage repair[J]. Journal of Materials Science Materialsin Medicine, 2013, 24(3): 793 –801.

[23] Ma R., Tang S., Tan H., et al. Preparation, characterization, in vitro bioactivity, and cellular responses to a polyetheretherketone bioactive composite containing nanocalcium silicate for bone repair[J]. Acs Applied Materials & Interfaces, 2014, 6(15): 12214 –12225.

[24] Köse S., Kaya F. A., Denkbaş E. B., et al. Evaluation of biocompatibility of random or aligned electrospun polyhydroxybutyrate scaffolds combined with human mesenchymal stem cells[J]. Turkish Journal of Biology, 2016, 40(2): 410 – 419.

[25] Wang M., Favi, P. Cheng X., et al. Cold Atmospheric Plasma (CAP) Surface Nanomodified 3D Printed Polylactic Acid (PLA) Scaffolds for Bone Regeneration[J]. Acta Biomaterialia, 2016, 46: 256 – 265.

[26] Zhu Y. L., Zhu R. Q., Shi X. L., et al. Study of bone marrow stromal cells on a three – dimensional nano – zirconia porous scaffold for bone tissue engineering [J]. Journal of Medical Postgraduates, 2014(6): 564 – 567.

[27] Wu L., Lin L., Qin Y. X. Enhancement of cell ingrowth, proliferation, and early differentiation in a three – dimensional silicon carbide scaffold using low – intensity pulsed ultrasound[J]. Tissue Engeering Part A, 2015, 21(1): 53 – 61.

[28] Soh E., Kolos E., Ruys A. J. Foamed high porosity alumina for use as a bone tissue scaffold[J]. Ceramics International, 2015, 41(1): 1031 – 1047.

[29] Austin N., Melanie R., Jaime R., et al. Epidermal Growth Factor Tethered to β – Tricalcium Phosphate Bone Scaffolds via a High – Affinity Binding Peptide Enhances Survival of Human Mesenchymal Stem Cells/Multipotent Stromal Cells in an Immune – Competent Parafascial Implantation Assay in Mice [J]. Stem Cells Translational Medicine, 2016, 5 (11): 1580 – 1586.

[30] Zhu M., Zhang J., Zhao S., et al. Three – dimensional printing of cerium – incorporated mesoporous calcium – silicate scaffolds for bone repair[J]. Journal of Materials Science, 2016, 51(2): 836 – 844.

[31] Ghomi H., Emadi R., Javanmard S. H. Preparation of nanostructure bioactive diopside scaffolds for bone tissue engineering by two near net shape manufacturing techniques[J]. Materials Letters, 2016, 167: 157 – 160.

[32] Mondal S., Pal U., Dey A. Natural origin hydroxyapatite scaffold as potential bone tissue engineering substitute[J]. Ceramics International, 2016, 42(16): 1 – 10.

[33] Li G., Lei W., Wei P., et al. In vitro and in vivo study of additive manufactured porous Ti6Al4V scaffolds for repairing bone defects[J]. Scientific Reports, 2016, 6: 34072.

[34] Abraham A. K., Sridhar V. G. FEA Study of the Multiple Structural Orientations on Selective Laser Melted Cobalt Chrome Open – Porous Scaffolds[J]. 2018, 163 – 170.

[35] Li S., Kim E. S., Kim Y. W., et al. Microstructures and martensitic transformation behavior of superelastic Ti – Ni – Ag scaffolds[J]. Materilas Research Bulletin, 2016, 82: 39 – 44.

[36] Fu W. M., Yang L., Wang B. J., et al. Porous tantalum seeded with bone marrow mesenchymal stem cells attenuates steroid – associated osteonecrosis[J]. European Review for Medical and Pharmacological Sciences, 2016, 20(16): 3490 – 3499.

[37] Jiang W. , Cipriano A. F. , Tian Q. , et al. In Vitro Evaluation of MgSr and MgCaSr Alloys via Direct Culture with Bone Marrow Derived Mesenchymal Stem Cells [J]. Acta Biomaterialia, 2018, 72: 407 – 423.

[38] Li H. , Yang H. , Zheng Y. , et al. Design and characterizations of novel biodegradable ternary Zn – based alloys with IIA nutrient alloying elements Mg, Ca and Sr [J]. Materials&Design, 2015, 83: 95 – 102.

[39] J ? . , Msallamová Š. , Jablonská E. , et al. A novel high – strength and highly corrosive biodegradable Fe – Pd alloy: Structural, mechanical and in vitro corrosion and cytotoxicity study[J]. Materials Science & Engineering C, 2017, 79: 550 – 562.

[40] Moon Y. W. , Choi I. J. , Koh Y. H. , et al. Porous alumina ceramic scaffolds with biomimetic macro/micro – porous structure using three – dimensional (3 – D) ceramic/camphene – based extrusion[J]. Ceramics International, 2015, 41(9): 12371 – 12377.

[41] Afzal A. Implantable zirconia bioceramics for bone repair and replacement: A chronological review[J]. Materials Express, 2014, 4(1): 1 – 12.

[42] Frewin C. L. , Coletti C. , Register J. J. , et al. Silicon Carbide Materials for Biomedical Applications[M] Springer International Publishing, 2012; 153 – 207.

[43] Tiainen H. , Wiedmer D. , Haugen H. J. Processing of highly porous TiO 2 bone scaffolds with improved compressive strength[J]. Journal of the European Ceramic Society, 2013, 33 (1): 15 – 24.

[44] Denry I. , Kuhn L. T. Design and characterization of calcium phosphate ceramic scaffolds for bone tissue engineering[J]. Dental Materials, 2016, 32(1): 43 – 53.

[45] Cox S. C. , Thornby J. A. , Gibbons G. J. , et al. 3D printing of porous hydroxyapatite scaffolds intended for use in bone tissue engineering applications[J]. Materials Science & Engineering C, 2015, 47: 237 – 247.

[46] Wang X. , Ruan J. M. , Chen Q. Y. Effects of surfactants on the microstructure of porous ceramic scaffolds fabricated by foaming for bone tissue engineering[J]. Materials Research Bulletin, 2009, 44(6): 1275 – 1279.

[47] J Ä. a. , Machová M. , Fousová M. , et al. Highly porous, low elastic modulus 316L stainless steel scaffold prepared by selective laser melting [J]. Materials Science & Engineering C, 2016, 69: 631 – 639.

[48] Jani J. M. , Leary M. , Subic A. , et al. A review of shape memory alloy research, applications and opportunities[J]. Materials&Design, 2014, 56(4): 1078 – 1113.

[49] Gepreel A. H. , Niinomi M. Biocompatibility of Ti – alloys for long – term implantation[J]. Journal of the Mechanical Behavior of Biomedical Materials, 2013, 20(4): 407 – 415.

[50] 郑玉峰. 可降解金属——一类新型生物医用金属材料[C]. 2011.

[51] Paramsothy M. , Ramakrishna S. Biodegradable Materials for Clinical Applications: A Review[J]. Reviews in Advanced Sciences & Engineering, 2015, 4(3): 221 – 238.

[52] 郑玉峰, 顾雪楠, 李楠, 等. 生物可降解镁合金的发展现状与展望[J]. 中国材料进展, 2011, 30(4): 30-43.

[53] Wang J, Wu Y, Li H, et al. Magnesium alloy based interference screw developed for ACL reconstruction attenuates peri – tunnel bone loss in rabbits[J]. Biomaterials, 2018, 157: 86-97.

[54] Martinez Sanchez A. H., Luthringer B. J., Feyerabend F., et al. Mg and Mg alloys: how comparable are in vitro and in vivo corrosion rates? A review[J]. Acta Biomaterialia, 2015, 13: 16-31.

[55] 王倞, 李元超, 汪方, 等. 人体松质骨矿质密度与弹性模量关系[J]. 医用生物力学, 2014, 29(5): 465-470.

[56] 袁广银, 章晓波, 牛佳林, 等. 新型可降解生物医用镁合金 JDBM 的研究进展[J]. 中国有色金属学报, 2011, 21(10): 2476-2488.

[57] Zhao D., Chang K., Ebel T., et al. Microstructure and mechanical behavior of metal injection molded Ti – Nb binary alloys as biomedical material[J]. Journal of the Mechanical Behavior of Biomedical Materials, 2013, 28(6): 171-182.

[58] Takaichi A., SuyalatuNakamoto T., et al. Microstructures and mechanical properties of Co – 29Cr – 6Mo alloy fabricated by selective laser melting process for dental applications[J]. Journal of the Mechanical Behavior of Biomedical Materials, 2013, 21(3): 67-76.

[59] Mohammadi H., Sepantafar M., Ostadrahimi A. The Role of Bioinorganics in Improving the Mechanical Properties of Silicate Ceramics as Bone Regenerative Materials[J]. Journal of Ceramic Science & Technology, 2015, 6(1): 1-6.

[60] Gu T., Shi H., Ye J. Reinforcement of calcium phosphate cement by incorporating with high – strength β – tricalcium phosphate aggregates[J]. Journal of Biomedical Materials Research Part B Applied Biomaterials, 2012, 100(2): 350-359.

[61] Garcia – Gonzalez D., Rusinek A., Jankowiak T., et al. Mechanical impact behavior of polyether – ether – ketone (PEEK)[J]. Composite Structures, 2015, 124(4): 88-99.

[62] Li X., Liu X., Wu S., et al. Design of magnesium alloys with controllable degradation for biomedical implants: From bulk to surface[J]. Acta Biomaterialia, 2016, 45: 2-30.

[63] 周梦林. 镁合金接骨板的力学性能与微动磨损特性研究[D]. 西南交通大学, 2017.

[64] Chorny V., Yatsun Y., Golovakha M. Historical aspects of using of biodegradable magnesium – based alloys for osteosynthesis (literature review) [J]. Ortopediia Travmatologiia Protezirovanie, 2014, (1): 105-109.

[65] Waizy H., Reifenrath J., Weizbauer A., et al. Biodegradable magnesium implants for orthopedic applications[J]. Journal of Materials Science, 2013, 48(1): 39-50.

[66] Wang X., Zhang P., Dong L. H., et al. Microstructure and characteristics of interpenetrating β – TCP/Mg – Zn – Mn composite fabricated by suction casting [J]. Materials&Design, 2014, 54 995-1001.

[67] 郑玉峰，吴远浩. 处在变革中的医用金属材料[J] 金属学报，2017, 53(3)：257 – 297.

[68] Chaya A., Yoshizawa S., Verdelis K., et al. In vivo study of magnesium plate and screw degradation and bone fracture healing[J]. Acta Biomaterialia, 2015, 18：262 – 269.

[69] 马新芳，张静莹. 骨组织工程支架材料的研究现状与应用前景[J]. 中国组织工程研究，2014, 18(30)：4895 – 4899.

[70] 徐大朋. 骨组织工程支架研究进展[J].中国实用口腔科杂志，2014, 7(3)：177 – 181.

[71] Wen C. E., Yamada Y., Shimojima K., et al. Compressibility of porous magnesium foam：dependency on porosity and pore size[J]. Materials Letters, 2004, 58(3)：357 – 360.

[72] J ?., Vojtěch D. Properties of porous magnesium prepared by powder metallurgy[J]. Materials Science & Engineering C, 2013, 33(1)：564 – 569.

[73] Li Y., Zhou J., Pavanram P., et al. Additively manufactured biodegradable porous magnesium[J]. Acta Biomaterialia, 2018, 1：378 – 392.

[74] Yazdimamaghani M., Razavi M., Vashaee D., et al. Development and degradation behavior of magnesium scaffolds coated with polycaprolactone for bone tissue engineering[J]. Materials Letters, 2014, 132(4)：106 – 110.

[75] Lee J. W., Han H. S., Han K. J., et al. Long – term clinical study and multiscale analysis of in vivo biodegradation mechanism of Mg alloy[J]. Proceedings of the National Academy of Sciences of the United States of America, 2016, 113(3)：716 – 722.

[76] Mao L., Yuan G., Niu J., et al. In vitro degradation behavior and biocompatibility of Mg – Nd – Zn – Zr alloy by hydrofluoric acid treatment[J]. Materials Science & Engineering C Materials for Biological Applications, 2013, 33(1)：242 – 250.

[77] Yu C., Cui L. Y., Zhou Y. F., et al. Self – degradation of micro – arc oxidation/chitosan composite coating on Mg – 4Li – 1Ca alloy[J]. Surface&Coatings Technology, 2018, 344：1 – 11.

[78] Jia H., Feng X., Yang Y. Microstructure and corrosion resistance of directionally solidified Mg – 2 wt. % Zn alloy[J]. Corrosion Science, 2017, 120：75 – 81.

[79] Shuai C., Yang Y., Wu P., et al. Laser rapid solidification improves corrosion behavior of Mg – Zn – Zr alloy[J]. Journal of Alloys & Compounds, 2017, 691：961 – 969.

[80] Wei Z., Tian P., Liu X., et al. In vitro degradation, hemolysis, and cytocompatibility of PEO/PLLA composite coating on biodegradable AZ31 alloy[J]. Journal of Biomedical Materials Research Part B Applied Biomaterilas, 2015, 103(2)：342 – 354.

[81] Calado L. M., Taryba M. G., Carmezim M. J., et al. Self – healing ceria – modified coating for corrosion protection of AZ31 magnesium alloy[J]. Corrosion Science, 2018, 72：407 – 423.

[82] Thomas S., Medhekar N. V., Frankel G. S., et al. Corrosion mechanism and hydrogen evolution on Mg[J]. Current Opinion in Solid State&Materials Science, 2015, 19(2)：85 – 94.

[83] Zander D., Zumdick N. A. Influence of Ca and Zn on the microstructure and corrosion of

biodegradable Mg – Ca – Zn alloys[J]. Corrosion Science, 2015, 93: 222 – 233.

[84] Han P., Cheng P., Zhang S., et al. In vitro and in vivo studies on the degradation of high – purity Mg (99. 99wt. %) screw with femoral intracondylar fractured rabbit model[J]. Biomaterials, 2015, 64: 57 – 69.

[85] Qiao Z., Shi Z., Hort N., et al. Corrosion behaviour of a nominally high purity Mg ingot produced by permanent mould direct chill casting[J]. Corrosion Science, 2012, 61: 185 – 207.

[86] Prasad A., Uggowitzer P. J., Shi Z., et al. Production of High Purity Magnesium Alloys by Melt Purification with Zr[J]. Advanced Engeering Materilas, 2012, 14(7): 477 – 490.

[87] Schlüter K., Shi Z., Zamponi C., et al. Corrosion performance and mechanical properties of sputter – deposited MgY and MgGd alloys[J]. Corrosion Science 2014, 78(78): 43 – 54.

[88] Cao F., Song G. L., Atrens A. Corrosion and passivation of magnesium alloys [J]. Corrosion Science, 2016, 111: 835 – 845.

[89] Friedrich H. E., Mordike B. L. Magnesium Technology – Metallurgy, Design Data, Application[M]. DLR, 2006.

[90] Witte F., Fischer J., Nellesen J., et al. In vitro and in vivo corrosion measurements of magnesium alloys[J]. Biomaterials, 2006, 27(7): 1013 – 1018.

[91] Qin H., Zhao Y., An Z., et al. Enhanced antibacterial properties, biocompatibility, and corrosion resistance of degradable Mg – Nd – Zn – Zr alloy[J]. Biomaterials, 2015, 53: 211 – 220.

[92] Gu X. N., Xie X. H., Li N., et al. In vitro and in vivo studies on a Mg – Sr binary alloy system developed as a new kind of biodegradable metal[J]. Acta Biomaterialia, 2012, 8 (6): 2360 – 2374.

[93] Witte F., Fischer J., Nellesen J., et al. In vivo corrosion and corrosion protection of magnesium alloy LAE442[J]. Acta Biomaterialia, 2010, 6 (5): 1792 – 1799.

[94] Höh N. V. D., Rechenberg B. V., Bormann D., et al. Influence of different surface machining treatments of resorbable magnesium alloy implants on degradation – EDX – analysis and histology results[J]. MaterialwissenschaftUnd Werkstofftechnik, 2010, 40(1): 88 – 93.

[95] Zhang S., Zhang X., Zhao C., et al. Research on an Mg – Zn alloy as a degradable biomaterial[J]. Acta Biomaterialia, 2010, 6(2): 626 – 640.

[96] Xu L., Yu G., EPan F., et al. In vivo corrosion behavior of Mg – Mn – Zn alloy for bone implant application[J]. Journal of Biomedical Materials Research Part A, 2010, 83(3): 703 – 711.

[97] Chen S., Guan S., Li W., et al. In vivo degradation and bone response of a composite coating on Mg – Zn – Ca alloy prepared by microarc oxidation and electrochemical deposition [J]. Journal of Biomedical Materials ResearchPart B Applied Biomaterials, 2012, 100(2):

533 – 543.

[98] Li Y. , Wen C. , Mushahary D. , et al. Mg – Zr – Sr alloys as biodegradable implant materials[J]. Acta Biomaterialia, 2012, 8(8): 3177 – 3188.

[99] Castellani C. , Lindtner R. A. , Hausbrandt P. , et al. Bone – implant interface strength and osseointegration: Biodegradable magnesium alloy versus standard titanium control[J]. Acta Biomaterialia, 2011, 7(1): 432 – 440.

[100] Celarek A. , Kraus T. , Tschegg E. K. , et al. PHB, crystalline and amorphous magnesium alloys: Promising candidates for bioresorbable osteosynthesis implants? [J]. Materials Science&Engineering C, 2012, 32(6): 1503 – 1510.

[101] Witte F. , Ulrich H. , Palm C. , et al. Biodegradable magnesium scaffolds: Part II: peri – implant bone remodeling[J]. Journal of Biomedical Materials Research Part A, 2010, 81 (3): 757 – 765.

[102] Remennik S. , Bartsch I. , Willbold E. , et al. New, fast corroding high ductility Mg – Bi – Ca and Mg – Bi – Si alloys, with no clinically observable gas formation in bone implants[J]. Materials Science & Engineering B, 2011, 176(20): 1653 – 1659.

[103] Z L. , X G. , S L. , et al. The development of binary Mg – Ca alloys for use as biodegradable materials within bone[J]. Biomaterials, 2008, 29(10): 1329 – 1344.

[104] Jia R. , Zhang M. , Zhang L. , et al. Correlative change of corrosion behavior with the microstructure of AZ91 Mg alloy modified with Y additions [J]. Journal of Alloys & Compounds, 2015, 634: 263 – 271.

[105] Choi J. Y. , Kim W. J. Significant effects of adding trace amounts of Ti on the microstructure and corrosion properties of Mg – 6Al – 1Zn magnesium alloy[J]. Journal of Alloys & Compounds, 2014, 614(2): 49 – 55.

[106] Costa J. M. , Mercer A. D. , Corrosion, E. F. O. Progress in the understanding and prevention of corrosion[M]. Institute of Materials, 1993.

[107] Zhou X. , Huang Y. , Wei Z. , et al. Improvement of corrosion resistance of AZ91D magnesium alloy by holmium addition[J]. Corrosion Science, 2006, 48(12): 4223 – 4233.

[108] Velikokhatnyi O. I. , Kumta P. N. First – principles studies on alloying and simplified thermodynamic aqueous chemical stability of calcium – , zinc – , aluminum – , yttrium – and iron – doped magnesium alloys[J]. Acta Biomaterialia, 2010, 6(5): 1698 – 1704.

[109] Rosalbino F. , Angelini E. , Negri S. D. , et al. Effect of erbium addition on the corrosion behaviour of Mg – Al alloys[J]. Intermetallics, 2005, 13(1): 55 – 60.

[110] Willbold E. , Gu X. , Albert D. , et al. Effect of the addition of low rare earth elements (lanthanum, neodymium, cerium) on the biodegradation and biocompatibility of magnesium [J]. Acta Biomaterialia, 2015, 11: 554 – 562.

[111] 张勤丽. 铝的神经毒性及其神经细胞死亡干预[M]. 北京：人民卫生出版社, 2011.

[112] Kim H. S. , Kim G. H. , Kim H. , et al. Enhanced corrosion resistance of high strength Mg

- 3Al - 1Zn alloy sheets with ultrafine grains in a phosphate - buffered saline solution [J]. Corrosion Science, 2013, 74(3): 139 - 148.

[113] Zhang X., Wang Z., Yuan G., et al. Improvement of mechanical properties and corrosion resistance of biodegradable Mg - Nd - Zn - Zr alloys by double extrusion[J]. Materials Science & Engineering B, 2012, 177(13): 1113 - 1119.

[114] Orlov D., Ralston K. D., Birbilis N., et al. Enhanced corrosion resistance of Mg alloy ZK60 after processing by integrated extrusion and equal channel angular pressing[J]. Acta Materialia, 2011, 59(15): 6176 - 6186.

[115] Zhao C., Pan F., Zhao S., et al. Microstructure, corrosion behavior and cytotoxicity of biodegradable Mg - Sn implant alloys prepared by sub - rapid solidification[J]. Materials Science & Engineering C, 2015, 54: 245 - 251.

[116] Aghion E., Jan L., Meshi L., et al. Increased corrosion resistance of the AZ80 magnesium alloy by rapid solidification[J]. Journal of Biomedical Materials Research Part B Applied Biomaterials, 2015, 103(8): 1541 - 1548.

[117] Zhang H. J., Zhang D. F., Ma C. H., et al. Improving mechanical properties and corrosion resistance of Mg - 6Zn - Mn magnesium alloy by rapid solidification[J]. Materials Letters, 2013, 92(1): 45 - 48.

[118] Hakimi O., Aghion E., Goldman J. Improved stress corrosion cracking resistance of a novel biodegradable EW62 magnesium alloy by rapid solidification, in simulated electrolytes[J]. Materials Science & Engineering C, 2015, 51: 226 - 232.

[119] Magesh S., Suwas S., Subramanian B., et al. Comparison of electrochemical behavior of hydroxyapatite coated onto WE43 Mg alloy by electrophoretic and pulsed laser deposition [J]. Surface&Coatings Technology, 2017, 309: 840 - 848.

[120] Chang L., Tian L., Liu W., et al. Formation of dicalcium phosphate dihydrate on magnesium alloy by micro - arc oxidation coupled with hydrothermal treatment [J]. Corrosion Science, 2013, 72(3): 118 - 124.

[121] Razavi M., Fathi M., Savabi O., et al. Controlling the degradation rate of bioactive magnesium implants by electrophoretic deposition of akermanite coating [J]. Ceramics International, 2014, 40(3): 3865 - 3872.

[122] Geng F., Tan L. L., Jin X. X., et al. The preparation, cytocompatibility, and in vitro biodegradation study of pure β - TCP on magnesium[J]. Journal of Materials Science: Materials in Medicine, 2009, 20(5): 1149 - 1157.

[123] Chen Y., Song Y., Zhang S., et al. Interaction between a high purity magnesium surface and PCL and PLA coatings during dynamic degradation[J]. Biomedical Materials, 2011, 6(2): 025005.

[124] Gu X. N., Zheng Y. F., Lan Q. X., et al. Surface modification of an Mg - 1Ca alloy to slow down its biocorrosion by chitosan[J]. Biomedical Materials, 2009, 4(4): 044109.

[125] Butt M. S., Bai J., Wan X., et al. Mechanical and degradation properties of biodegradable Mg strengthened poly – lactic acid composite through plastic injection molding [J]. Materials Science & Engineering C, 2017, 70 (1): 141 – 147.

[126] Min P., Ji E. L., Park C. G., et al. Polycaprolactone coating with varying thicknesses for controlled corrosion of magnesium[J]. Journal of Coatings Technology & Research, 2013, 10(5): 695 – 706.

[127] Li Y., Liu L., Wan P., et al. Biodegradable Mg – Cu alloy implants with antibacterial activity for the treatment of osteomyelitis: In vitro and in vivo evaluations[J]. Biomaterials, 2016, 106: 250 – 263.

[128] Pourbahari B., Mirzadeh H., Emamy M. Toward unraveling the effects of intermetallic compounds on the microstructure and mechanical properties of Mg – Gd – Al – Zn magnesium alloys in the as – cast, homogenized, and extruded conditions[J] Materials Science & Engineering A, 2016, 680: 39 – 46.

[129] Gil – Santos A., Marco I., Moelans N., et al. Microstructure and degradation performance of biodegradable Mg – Si – Sr implant alloys[J]. Materials Science & Engineering C, 2017, 71: 25 – 34.

[130] Seyedraoufi Z. S., Mirdamadi S. Synthesis, microstructure and mechanical properties of porous Mg – Zn scaffolds[J]. Journal of the Mechanical Behavior of Biomedical Materials, 2013, 21(3): 1 – 8.

[131] Yu K., Chen L., Zhao J., et al. In vitro corrosion behavior and in vivo biodegradation of biomedical β – Ca3(PO4)2/Mg – Zn composites[J]. Acta Biomaterialia, 2012, 8(7): 2845 – 2855.

[132] 俞宽新. 激光原理与激光技术[M]. 北京: 北京工业大学出版社, 2008.

[133] 文世峰. 选择性激光烧结快速成形中振镜扫描与控制系统的研究[D]. 华中科技大学, 2010.

[134] 邓小玖, 储德林, 胡继刚, 等. 高斯光束质量因子的研究[J]. 合肥工业大学学报(自然科学版), 2003, 26 (4): 501 – 504.

[135] Zhu H. H., Lu L., Fuh J. Y. H. Development and characterisation of direct laser sintering Cu – based metal powder[J]. Journal of Materials Processing. Technology, 2003, 140 (1 – 3): 314 – 317.

[136] 张伟, 高晓蓉. 金属维氏硬度试验方法探讨[J]. 机械传动, 2007, 31 (5): 107 – 109.

[137] 王新印. 纯镁腐蚀行为研究[D]. 浙江大学, 2015.

[138] Qi Z. R., Zhang Q., Tan L. L., et al. Comparison of degradation behavior and the associated bone response of ZK60 and PLLA in vivo[J]. Journal of Biomedical Materials Research Part A, 2014, 102(5): 1255 – 1263.

[139] Guthrie R. I. L., 飯田孝. The physical properties of liquid metals[M]. Oxford University Press, 1988.

[140] Zhu H. H., Lu L., Fuh J. Y. H. Study on Shrinkage Behaviour of Direct Laser Sintering Metallic Powder[J]. Proceedings of the Institution of Mechanical Engineers Part B Journal of Engineering Manufacture, 2006, 220(2): 183 – 190.

[141] 李美艳, 蔡春波, 韩彬, 等. 预热对激光熔覆陶瓷涂层温度场和应力场影响[J]. 材料热处理学报, 2015, 36(12): 197 – 203.

[142] Pan Q. Y., Lin X., Huang W. D., et al. Microstructure evolution of Cu – Mn alloy under laser rapid solidification conditions[J]. Materials Research Bulletin, 1998, 33(11): 1621 – 1633.

[143] Gu D., Hagedorn Y. C., Meiners W., et al. Selective Laser Melting of in – situ TiC/Ti 5 Si 3 composites with novel reinforcement architecture and elevated performance [J]. Surface&Coatings Technology, 2011, 205(10): 3285 – 3292.

[144] Gu D., Hagedorn Y. C., Meiners W., et al. Densification behavior, microstructure evolution, and wear performance of selective laser melting processed commercially pure titanium[J]. Acta Materialia, 2012, 60(9): 3849 – 3860.

[145] Aziz M. J. Model for solute redistribution during rapid solidification[J]. Journal of Applied Physics, 1982, 53(2): 1158 – 1168.

[146] Zhang X., Hua L., Liu Y. FE simulation and experimental investigation of ZK60 magnesium alloy with different radial diameters processed by equal channel angular pressing [J]. Materials Science & Engineering A, 2012, 535(2): 153 – 163.

[147] Bian D., Deng J., Li, N., et al. In Vitro and in Vivo Studies on Biomedical Magnesium Low – Alloying with Elements Gadolinium and Zinc for Orthopedic Implant Applications[J]. Acs Applied Materials&Interfaces, 2018, 10(5): 4394 – 4408.

[148] Shuai C., Liu L., Zhao M., et al. Microstructure, biodegradation, antibacterial and mechanical properties of ZK60 – Cu alloys prepared by selective laser melting technique [J]. Journal of Materials Science&Technology, 2018, 34(10): 1944 – 1952.

[149] Yao H. B., Li Y., Wee A. T. S. An XPS investigation of the oxidation/corrosion of melt – spun Mg[J]. Applied Surface Science, 2000, 158(1): 112 – 119.

[150] Lunder O., Lein J. E., Aune T. K., et al. The role of Mg17Al12 phase in the corrosion of Mg alloy AZ91[J]. Corrosion – Houston Tx –, 2012, 45(9): 741 – 748.

[151] Kim Y. M., Chang D. Y., Kim H. S., et al. Key factor influencing the ignition resistance of magnesium alloys at elevated temperatures[J]. Scripta Materialia, 2011, 65 (11): 958 – 961.

[152] Lothe J., Pound G. M. Reconsiderations of Nucleation Theory[J]. J. Chem. Phys., 1962, 36(8): 2080 – 2085.

[153] Jie Y., Wang J., Wang L., et al. Microstructure and mechanical properties of Mg – 4.5Zn – xNd (x = 0, 1 and 2, % (质量)) alloys[J]. Materials Science & Engineering A, 2008, 479 (1): 339 – 344.

[154] Wei L. Y. , Dunlop G. L. , Westengen H. The intergranular microstructure of cast Mg – Zn and Mg – Zn – rare earth alloys[J]. Metallurgical & Materials Transactions A, 1995, 26 (8): 1947 – 1955.

[155] Du Y. , Zheng M. , Qiao X. , et al. Effect of La addition on the microstructure and mechanical properties of Mg – 6 %(质量) Zn alloys[J]. Materials Science & Engineering A, 2016, 673: 47 – 54.

[156] Zheng Y. F. , Gu X. N. , Witte F. Biodegradable metals [J]. Materials Science & Engineering R, 2014, 77(2): 1 – 34.

[157] Hench L. L. Bioceramics: From Concept to Clinic[J]. Journal of the American Ceramic Society, 2010, 74(7): 1487 – 1510.

[158] Yan H. , Liu D. , Anguilano L. , et al. Fabrication and characterization of a biodegradable Mg – 2Zn – 0. 5Ca/1β – TCP composite[J]. Materials Science & Engineering C, 2015, 54: 120 – 132.

[159] Xiong G. , Nie Y. , Ji D. , et al. Characterization of biomedical hydroxyapatite/magnesium composites prepared by powder metallurgy assisted with microwave sintering[J]. Current Applied Physics, 2016, 16(8): 830 – 836.

[160] Yan Y. , Kang Y. , Li D. , et al. Improvement of the mechanical properties and corrosion resistance of biodegradable β – Ca3 (PO4) 2/Mg – Zn composites prepared by powder metallurgy: the adding β – Ca3(PO4)2, hot extrusion and aging treatment[J]. Materials Science & Engineering C Materials for Biological Applications, 2017, 74: 582 – 596.

[161] Shuai C. , Zho, Y. , Yang Y. , et al. Biodegradation Resistance and Bioactivity of Hydroxyapatite Enhanced Mg – Zn Composites via Selective Laser Melting[J]. Materials, 2017, 10(3): 307 – 315.

[162] Deng Y. , Yang Y. , Gao C. , et al. Mechanism for corrosion protection of β – TCP reinforced ZK60 via laser rapid solidification[J]. 2018, 4 (1).

[163] Gu D. , Wang H. , Dai D. , et al. Densification behavior, microstructure evolution, and wear property of TiCnanoparticle reinforced AlSi10Mg bulk – form nanocomposites prepared by selective lasermelting[J]. Journal of Laser Application, 2015, 27 (S1): S17003.

[164] Huang K. , Cai S. , Xu G. , et al. Sol – gel derived mesoporous 58S bioactive glass coatings on AZ31 magnesium alloy and in vitro degradation behavior [J]. Surface&Coatings Technology, 2014, 240(3): 137 – 144.

[165] Park J. H. , Schwartz Z. , Olivaresnavarrete R. , et al. Enhancement of surface wettability via the modification of microtextured titanium implant surfaces with polyelectrolytes [J]. Langmuir the Acs Journal of Surfaces & Colloids, 2011, 27(10): 5976 – 5985.

[166] Gil – Santos A. , Marco I. , Moelans N. , et al. Microstructure and degradation performance of biodegradable Mg – Si – Sr implant alloys[J]. Materials Science & Engineering C, 2017, 71: 25 – 34.

图书在版编目(CIP)数据

激光快速烧结制备镁合金骨植入物 / 杨友文，帅词俊，彭淑平著. —长沙：中南大学出版社，2020.9
ISBN 978 - 7 - 5487 - 2449 - 0

Ⅰ.①激… Ⅱ.①杨… ②帅… ③彭… Ⅲ.①激光技术－应用－粉末冶金－烧结－镁合金－快速成型技术 Ⅳ.①TF124

中国版本图书馆 CIP 数据核字(2020)第 110591 号

激光快速烧结制备镁合金骨植入物
JIGUANG KUAISU SHAOJIE ZHIBEI MEIHEJIN GUZHIRUWU

杨友文　帅词俊　彭淑平　著

□责任编辑	刘　辉
□责任印制	周　颖
□出版发行	中南大学出版社
	社址：长沙市麓山南路　　　　邮编：410083
	发行科电话：0731 - 88876770　　传真：0731 - 88710482
□印　　装	长沙印通印刷有限公司

□开　　本	710 mm×1000 mm 1/16　□印张 7.75　□字数 145 千字
□版　　次	2020 年 9 月第 1 版　□2020 年 9 月第 1 次印刷
□书　　号	ISBN 978 - 7 - 5487 - 2449 - 0
□定　　价	48.00 元